MLP 機械学習プロフェッショナルシリーズ

JN183332

スパース性に基づく機械学習

Machine Learning with Sparsity Inducing Regularizations

冨岡亮太

講談社

■ 編者

杉山　将　博士（工学）

理化学研究所 革新知能統合研究センター センター長

東京大学大学院新領域創成科学研究科 教授

■ シリーズの刊行にあたって

インターネットや多種多様なセンサーから，大量のデータを容易に入手できる「ビッグデータ」の時代がやって来ました．現在，ビッグデータから新たな価値を創造するための取り組みが世界的に行われており，日本でも産学官が連携した研究開発体制が構築されつつあります．

ビッグデータの解析には，データの背後に潜む規則や知識を見つけ出す「機械学習」とよばれる知的データ処理技術が重要な働きをします．機械学習の技術は，近年のコンピュータの飛躍的な性能向上と相まって，目覚ましい速さで発展しています．そして，最先端の機械学習技術は，音声，画像，自然言語，ロボットなどの工学分野で大きな成功を収めるとともに，生物学，脳科学，医学，天文学などの基礎科学分野でも不可欠になりつつあります．

しかし，機械学習の最先端のアルゴリズムは，統計学，確率論，最適化理論，アルゴリズム論などの高度な数学を駆使して設計されているため，初学者が習得するのは極めて困難です．また，機械学習技術の応用分野は非常に多様なため，これらを俯瞰的な視点から学ぶことも難しいのが現状です．

本シリーズでは，これからデータサイエンス分野で研究を行おうとしている大学生・大学院生，および，機械学習技術を基礎科学や産業に応用しようとしている大学院生・研究者・技術者を主な対象として，ビッグデータ時代を牽引している若手・中堅の現役研究者が，発展著しい機械学習技術の数学的な基礎理論，実用的なアルゴリズム，さらには，それらの活用法を，入門的な内容から最先端の研究成果までわかりやすく解説します．

本シリーズが，読者の皆さんのデータサイエンスに対するより一層の興味を掻き立てるとともに，ビッグデータ時代を渡り歩いていくための技術獲得の一助となることを願います．

2014 年 11 月

「機械学習プロフェッショナルシリーズ」編者
杉山 将

まえがき

自然科学の基本的な方針は一見複雑に見える現象をなるべく少数の基本的な要因の組み合わせから説明することです．しかし一般には，この組み合わせの数は基本となる要因の数が限られていても 2 つの要因の組み合わせの数は 2 乗，3 つの要因の組み合わせの数は 3 乗，というように指数関数的に増加し，すべての可能性を網羅的に検証することは困難です．また，基本となる要因が明らかではないか，無限の可能性が存在する場合も往々にして存在します．

本書では，データをもとに多くの要因のなかの少数の要因の組み合わせを見つけ出したり，基本となる要因を発見したりする際に有効な機械学習の技術である，スパース性 (sparsity) を誘導する正則化に関する理論およびアルゴリズムを扱います．スパースとは本来「まばらであること」を意味しますが，この文脈ではある次元を持つベクトルが少数の要素の除いてすべての要素がゼロであることを指します．例えば，学習モデルのパラメータをベクトルで表現した際に多くの要素がゼロであることは，基本となる要因（説明変数）の数が非常に多くとも，そのほとんどはデータを説明するのに必要ではないことを意味します．正則化は機械学習で扱うモデルに事前知識を導入する 1 つの方法であり，スパース性も 14 世紀のイギリスの神学者オッカムの「ある事柄を説明するために不必要に多くの要因を仮定してはならない」という格言に由来する一種の事前知識です．正則化によってスパース性を誘導する方法は，直接スパース性を仮定する方法に比べてより柔軟であるだけでなく，凸最適化問題に帰着するため，計算量の上で大きなメリットがあります．

本書で最初に扱うのは ℓ_1 ノルムに基づく正則化で，まさに上で述べた意味のベクトルの非ゼロ要素の数で定量化されるスパース性を誘導します．次に扱うグループ ℓ_1 ノルムに基づく正則化は，説明変数が既知のグループ構造を持つ際に，それを尊重したスパース性を誘導します．さらに，行列の低ランク性を誘導するトレースノルムに基づく正則化を扱います．ベクトルの要素ごとのスパース性やグループ単位のスパース性はあくまでもあらかじめ定められた説明変数やそのグループを取捨選択するためのものでしたが，トレースノルムに基づく低ランク行列の推定は説明変数そのものをデータをもとに学習することを可能にします．本書の最後ではこれらのノルムを含みより一般的にスパース性を捉えることのできるアトミックノルムの枠組みを扱います．

上で述べた3種類のスパース性を誘導するノルムは統計的な性能保証を与えることが可能で，計算量の面でも，非常に効率的に扱うことができます．本書では最も基本的な ℓ_1 ノルムの場合の最適化アルゴリズムと統計的な理論を詳細に与え，それらを一般化することができることを示します．本書を読む上で必要な予備知識は大学学部レベルの線形代数の他に凸解析，確率論などが挙げられます．これらをすべてカバーすることは筆者の力量を超えると思われるため，必要なところだけかいつまんで「メモ」として挿入しました．これで不十分なところは本シリーズの『確率的最適化』や『統計的学習理論』を参照してください．

本書の構成

本書の構成は以下の通りです（**図 1** を参照）．第1章では，機械学習においてスパース性を利用する動機を説明し，ベクトルの要素ごとのスパース性，グループ単位でのスパース性，行列の低ランク性の3種類のスパース性が存在することを説明します．第2章では統計的機械学習の基礎となる事柄を説明し，過剰適合を回避するにはパラメータの数を制約する方法と，何らかのノルムを制約する方法があることを解説します．第3章では，ベクトルの要素ごとのスパース性を誘導する ℓ_1 ノルム正則化を直感的に導入し，なぜスパースな解が得られるのかを低次元の例で説明します．また人工データを用いて単純なヒューリスティックよりも ℓ_1 ノルム正則化の性能がよいことをみます．第4章では未知変数の数よりも制約の数の方が少ない，劣決定な線形方程式をスパース性を利用して解く状況を考え，真のスパースベクトルが線形制約のもとでの ℓ_1 ノルム最小解と一致する条件を幾何学的に考察します．さらに，線形方程式の係数がランダムに与えられた場合の性能を統計的次元に基づいて解析します．第5章ではより一般に観測ノイズを含む場合の ℓ_1 ノルム正則化の性能を解析します．また，真の係数ベクトルが厳密にはスパースでない場合にも理論を拡張します．第6章では ℓ_1 ノルム正則化を扱うための最適化手法として繰り返し重み付き縮小法，（加速付き）近接勾配法，双対拡張ラグランジュ法，双対交互方向乗数法の 4 つの手法を紹介します．第 3 章から第 6 章はもっとも基本的な ℓ_1 ノルム正則化に関する定式化，理論，および最適化法を与えますが，第 7 章から第 10 章は，これをふまえてより発展的なスパース性を誘導する正則化を紹介します．第 7 章ではグループ単位でのスパース性を誘導するグループ ℓ_1 ノルム，第 8 章では行列の低ランク性を誘導するトレースノルムを紹介します．第 9 章ではこれまで紹介したさまざまな正則化項を組み合わせることによって得られる重複型スパース正則化を紹介します．第 10 章では本書で紹介した 3 つの基本的なスパース性を包含する枠組みとしてアトミックノルムを紹介します．第 11 章では Q&A の形式で本書の議論を整理します．本書の中で例として取り上げた数値実験を再現するプログラムを https://github.com/ryotat/smlbook/に公開します．

謝辞

本書を執筆するにあたって多くの有益なコメントや提案をいただいた東京工業大学の鈴木大慈先生，名古屋大学の金森敬文先生に感謝いたします．執筆の機会をいただいた編者の東京大学の杉山将先生に感謝いたします．本書の執筆期間を含む 2 年間の快適な研究環境を提供してくれた豊田工業大学シカゴ校と同校の同僚に感謝いたします．また，講談社サイエンティフィクの瀬戸晶子さん，横山真吾さんには執筆期間を通じて大変お世話になりました．ここに感謝申し上げます．

表記法

本書で用いる表記法を**表 1** にまとめます．

2015 年 11 月

冨岡 亮太

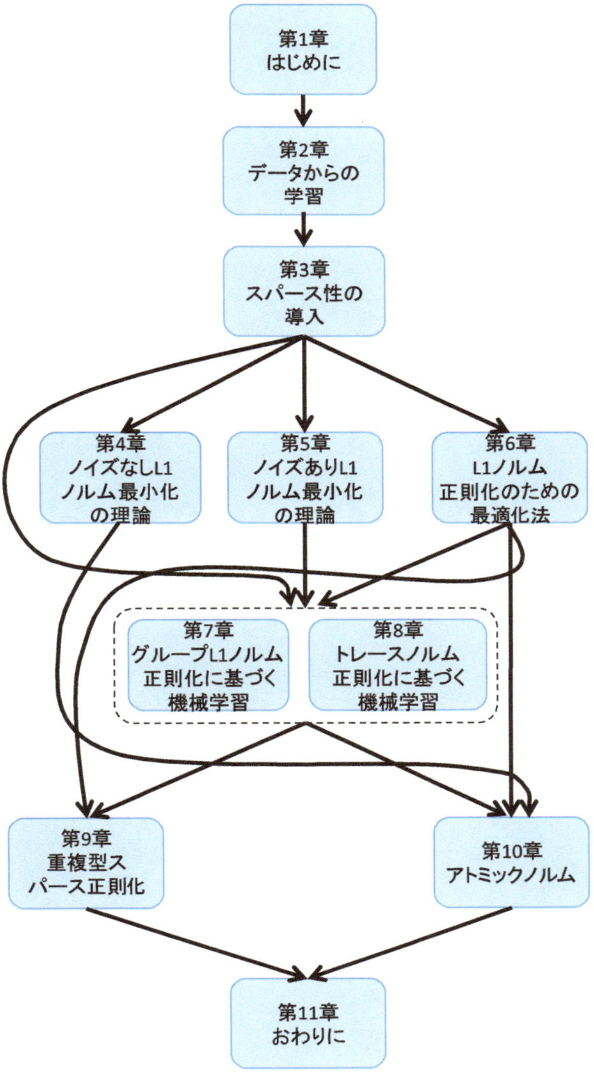
第1章
はじめに
第2章
データからの
学習
第3章
スパース性の
導入
第4章
ノイズなしL1
ノルム最小化
の理論
第5章
ノイズありL1
ノルム最小化
の理論
第6章
L1ノルム
正則化のための
最適化法
第7章
グループL1ノルム
正則化に基づく
機械学習
第8章
トレースノルム
正則化に基づく
機械学習
第9章
重複型ス
パース正則化
第10章
アトミックノルム
第11章
おわりに

図 1　本書の構成

表 1 表記法

記号	意味	ページ番号
$\lvert A\rvert$	集合 A の要素数	22
$\mathbb{R}^d$	d 次元実ベクトル空間	4
$\mathbb{R}^{d_1\times d_2}$	実 $d_1\times d_2$ 行列の空間	9
$\boldsymbol{x}\in\mathbb{R}^d$	$\boldsymbol{x}$ は d 次元（縦）ベクトル	4
$\boldsymbol{x}^\top$	ベクトル $\boldsymbol{x}$ の転置	7
$\boldsymbol{x}=(x_i)_{i=1}^d=(x_1,\ldots,x_d)^\top$	x_i はベクトル $\boldsymbol{x}$ の第 i 要素	11
$\mathrm{supp}(\boldsymbol{x})$	ベクトル $\boldsymbol{x}$ の台（非ゼロ要素の集合）	22
$\langle\boldsymbol{x},\boldsymbol{w}\rangle$	ベクトル $\boldsymbol{x}$ と $\boldsymbol{w}$ の内積	25
$\lVert\boldsymbol{x}\rVert_1$	ベクトル $\boldsymbol{x}$ の ℓ_1 ノルム	15
$\lVert\boldsymbol{x}\rVert_2$	ベクトル $\boldsymbol{x}$ の ℓ_2（ユークリッド）ノルム	15
$\lVert\boldsymbol{x}\rVert_\infty$	ベクトル $\boldsymbol{x}$ の ℓ_∞ ノルム	15
$\lVert\cdot\rVert_*$	ノルム $\lVert\cdot\rVert$ の双対ノルム	46
$\boldsymbol{W}\in\mathbb{R}^{d_1\times d_2}$	$\boldsymbol{W}$ は $d_1\times d_2$ 行列	9
$\boldsymbol{W}=[\boldsymbol{w}_1,\ldots,\boldsymbol{w}_{d_2}]$	ベクトル $\boldsymbol{w}_j\in\mathbb{R}^{d_1}$ $(j=1,\ldots,d_2)$ は行列 $\boldsymbol{W}$ の第 j 列ベクトル	32
$\mathrm{rank}(\boldsymbol{W})$	行列 $\boldsymbol{W}$ のランク（階数）	9
$\mathrm{tr}(\boldsymbol{W})$	正方行列 $\boldsymbol{W}$ のトレース	109
$\lVert\boldsymbol{W}\rVert_F$	行列 $\boldsymbol{W}$ のフロベニウスノルム	109
$\lVert\boldsymbol{W}\rVert$	行列 $\boldsymbol{W}$ のスペクトル（作用素）ノルム	114
$\lVert\boldsymbol{W}\rVert_{\ell_1}$	行列の要素ごとの ℓ_1 ノルム	132
$f:\mathbb{R}^d\to\mathbb{R}$	f は d 次元ベクトルから実数への関数	10
$f=\lVert\cdot\rVert_2$	f は ℓ_2（ユークリッド）ノルム	15
$\partial f(\boldsymbol{w})$	凸関数 f の点 $\boldsymbol{w}$ における劣微分	25
$\boldsymbol{g}\in\partial f(\boldsymbol{w})$	ベクトル $\boldsymbol{g}$ は凸関数 f の点 $\boldsymbol{w}$ における劣勾配	25
$\min_{\boldsymbol{w}} f(\boldsymbol{w})$ $(\inf_{\boldsymbol{w}} f(\boldsymbol{w}))$	関数 f の最小値（最大下界）	14 (145)
$\max_{\boldsymbol{w}} f(\boldsymbol{w})$ $(\sup_{\boldsymbol{w}} f(\boldsymbol{w}))$	関数 f の最大値（最小上界）	8 (46)
$\mathrm{minimize}_{\boldsymbol{w}}\ f(\boldsymbol{w})$	変数 $\boldsymbol{w}$ に関して関数 f を最小化	18
$\text{subject to}\, g(\boldsymbol{w})\le 1$	$g(\boldsymbol{w})$ が 1 以下という制約のもとで	15
$\mathrm{argmin}_{\boldsymbol{w}}\ f(\boldsymbol{w})$	関数 f を最小化する $\boldsymbol{w}$	15
$\log$	自然対数関数	6
$E=\{z>0\}$	E は確率変数 z が 0 より大きいという事象	6
$\Pr(E)$	事象 E の確率	47
$I(E)$	事象 E の指示関数（事象 E が真であれば 1，偽であれば 0 をとる関数）	6
$\mathbb{E}_{\boldsymbol{x}}$	確率変数 $\boldsymbol{x}$ に関する期待値	5
$\mathcal{N}(\mu,\sigma^2)$	平均 μ，分散 σ^2 の正規分布	26
$B(C;\lVert\cdot\rVert)$	ノルム $\lVert\cdot\rVert$ に関する半径 C の球	147

目　次

Chapter 1

はじめに

スパース性というキーワードが注目されています．スパース性 (sparseness) は日本語では「疎性」と訳されるように，「まばらである」ことを指しています．より具体的には，多くの変数のうちほとんどがゼロでごく一部だけが非ゼロの値をとることを意味します．

スパース性が有効である典型的な例として，ゲノムの個人差からの予測（特定の病気のかかりやすさ，治療の有効性など）が挙げられます．ゲノムの個人間の変異は数百万箇所で起こりうることがわかっていますが，特定の病気のかかりやすさに関連しているのはそのうちのごく一部だと考えられています．数百万箇所すべての変異が特定の病気にどのように影響するのかを推定するには，その数と同じオーダーの被験者（サンプル）を集めなくてはならず，その費用は計り知れません．病気と関連している変異が少数であるという（恐らく現実的な）スパース性の仮定を用いることでもっと少ない数のサンプルから病気とゲノム変異の関係を調べることが可能です．ここで，病気と関連している変異が少数であると仮定するといっても，病気と関連している変異の目星がついているわけではないことに注意してください．関連している変異の数が数十や数百であっても，その組み合わせの数は膨大です．スパース性を考える際には，いかに現実的な仮定を用いて少ないサンプル数での推定を可能にするかという**統計的な問題**と，いかに組み合わせ爆発を防いで現実的な計算量で推定を行うかという**計算量の問題**の両者を考える必要があります．

スパース性は「高次元ベクトルのほとんどの要素がゼロである」という本来の定義にとどまらず，そのさまざまな拡張が考えられています．その1つはグループ単位のスパース性です．図 **1.1**(a) と図 1.1(b) に基本的なスパー

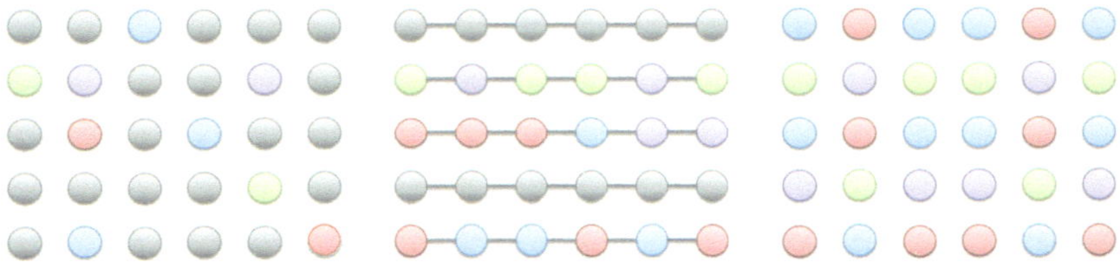

(a) 要素単位のスパース性　(b) グループ単位のスパース性　(c) 行列の低ランク性

図 1.1 3 種類のスパース性

ス性とグループ単位のスパース性を比較します．図で灰色の丸はゼロの値をとる要素，色の付いた丸は非ゼロの値をとる要素を表します．図 1.1(a) では多くの要素がゼロで少数の要素が非ゼロの値をとるということ以外には，ゼロの値をとる要素も非ゼロの値をとる要素も特に構造がなく並んでいます．一方，図 1.1(b) では，各行があらかじめ定義した 1 つのグループに対応し，各行はすべてがゼロかすべてが非ゼロの値をとるかに分かれています．このように，あらかじめグループを定義することで，考えうるゼロ／非ゼロのパターンを制約し，より少ないサンプル数でも推定を可能にする方法がグループ単位のスパース性です．例えば，ゲノム変異からの予測では，遺伝子が作用する際には遺伝子 A が活性化すると遺伝子 B が活性化し，それが別の遺伝子 C を活性化するというように，さまざまな経路が存在することが生物学的に知られています．このような経路をグループとして考え，ある変異が病気に寄与するかを考える代わりに，経路単位で，病気に寄与するかどうかを考えるという手法です．

スパース性の拡張のもう 1 つの例として行列の低ランク性が挙げられます (図 1.1(c) を参照してください)．例として，共通の d 変数の上に定義された T 個の関連する学習課題を同時に解きたい場合を考えてください．推定すべき係数の数は dT です．これを単純に dT 次元のベクトルを推定する問題と捉えることもできますが，各列に d 個の係数を持つ d 行 T 列の行列を推定する問題と捉えることもできます．このとき，この行列がランク r であるということは T 個の学習課題に共通する r 個の要因が存在することを意味します．低ランク行列はベクトルとしてみるとまったくスパースではありませんが，行列の特異値をみると，行列のランクに等しい特異値だけが非ゼロで，残りの特異値はゼロという性質があります．グループ単位のスパース性との比較で考えると，グループ単位のスパース性においては，あらかじめグループを定義しておかなければならなかったのに対し，変数のグループや，複数の課題に共通する要因を含めて学習したいという状況で低ランク性は有効です．また，時空間データの解析や，推薦システムなど，低ランク行列を推定したいという問題は数多くあります．ここでも単純に行列を行の数と列の数の積だけのパラメータを持つベクトルとして扱ってしまうと，行列の要素数に比例するサンプル数が必要になってしまいますが，行列が低ランクであることを利用して，より少ないサンプル数で推定できないかという統計的な問題と，いかに低ランク性という非凸制約からくる計算の困難さを回避して多項式時間で推定を行うかという計算量の問題の両面を考える必要があります．

最後に，一般的にスパース性と呼ばれているものの，本書の対象からは少しはずれるケースについて説明します．自然言語処理などではしばしば単語やn-グラムなどの超高次元かつスパースな特徴ベクトルを用いることがあります．しかし，一般にはデータがスパースであるといっても分類器が少数の変数の組み合わせからなるとはいえません．むしろ例えば同義語のように，本来は１つの変数で済むものが別々に表現されているため，表面的にスパースにみえているという可能性があります．そのため，データのスパース性を利用することができるために計算量の上では好ましい状況である[*1]とはいえますが，スパースなデータを対象とするからといって，上述のような統計的な問題が生じるとは限らない点に注意する必要があります．

*1　例えば $n \times d$ 行列と d 次元ベクトルの積は一般には $O(nd)$ の計算が必要ですが，行列の非ゼロ要素の個数が $m(< nd)$ であれば計算量は $O(m)$ で済みます．

Chapter 2

データからの学習

本章ではデータから学習するということは何かを説明し，期待誤差，経験誤差，損失関数などの機械学習の一般的な用語を導入します．また，なぜ過学習を抑えるために正則化が有効なのかを説明します．

2.1 訓練データと汎化

私達が何か新しいことがらを理解したいと思うとき，どのようにするでしょうか？　ことがらというのは例えば新しい言葉を覚えることかもしれませんし，ワインの好みを覚えることかもしれません．

ワインの好みの例でいえば，恐らく多くの人は味見をしてみるのではないかと思います．味見をして好きであれば，産地，生産農家，ぶどうの種類，ラベルに書かれた言葉などを覚えておき，次のときは似たものを注文しようと思うでしょう．嫌いであれば逆に次は注文するのをやめようと思うでしょう．

ワインの好みもそうですが，例示することが容易でも，ルールとして言い表すことが難しいことがらが多数存在します．例えば手書きの数字の「0」から「9」の区別は例示することは容易ですが，同じ数字でもさまざまな書き方があるため，ルールとして言い表すことは困難です．統計的機械学習はこのようなときに有効な方法です．

n 個の例からなる**訓練データ**（training data）を $(\boldsymbol{x}_i, y_i)_{i=1}^n$ とします．ここで，$\boldsymbol{x}_i \in \mathbb{R}^d$ は入力ベクトル，y_i はラベルと呼ばれます．ワインの例であ

れば，入力ベクトル $\boldsymbol{x}_i$ は産地，ぶどうの種類などを数値表現して並べたもの，ラベル y_i は例えばワインの味を 5 段階で評価したものとすることができます．手書き数字の識別であれば $\boldsymbol{x}_i$ は入力画像の濃淡値を並べたもの，y_i は 0〜9 のいずれかの整数です．

データから**学習する**ということは，訓練データ $(\boldsymbol{x}_i, y_i)_{i=1}^n$ が何らかの規則に従って生成されているときに，データを生成する規則をなるべくよく模倣し，再現することです．データを生成する規則として，$(\boldsymbol{x}_i, y_i)$ が同時確率 *1 $P(\boldsymbol{x}, y)$ から独立同一に生成されているという状況を考えるのが**統計的機械学習**です．私達が何かを学ぶときと同様，機械学習の目標は単に訓練データを記憶することではないことに注意してください．学習結果の評価は訓練データの背後にある確率分布 $P(\boldsymbol{x}, y)$ に関して行われます．例えば手書き数字の識別であれば，同じ被験者（の集団）が**新しく**書く数字に関して平均的にどれだけ識別できるかを評価基準として用います．このとき，新しく書かれる数字は，同じ被験者が書いた同じ数字であっても訓練データのものとは微妙に異なるはずです．このような状況で正しく識別できるようになることを**汎化する**（generalize）といいます．

データを生成する規則をどの程度よく模倣しているかを評価する方法はさまざまですが，「入力ベクトル $\boldsymbol{x}$ が与えられたもとで，どの程度よくラベル y を予測できるか」という観点から評価する場合を**判別的なモデル**と呼びます *2.

例えば，ラベル y としてワインの評価値のように数値データを仮定すると，期待二乗誤差

$$L(f) = \mathbb{E}_{\boldsymbol{x},y}\left[(y - f(\boldsymbol{x}))^2\right] \tag{2.1}$$

を考えることが一般的です．ここで，関数 f は入力ベクトル $\boldsymbol{x}$ が与えられたもとでラベル y を与える未知の関数です．また，$\mathbb{E}_{\boldsymbol{x},y}$ はデータの背後にある確率分布 $P(\boldsymbol{x}, y)$ に関する期待値です．期待二乗誤差 (2.1) を最小化する関数 f は入力 $\boldsymbol{x}$ が与えられたもとでのラベル y の条件付き期待値として与えられます．また，後述するように，訓練サンプルに対する経験二乗誤差の最

---

*1 確率変数を大文字で，実現値を小文字で書くという記法がしばしば用いられますが，本書では行列を大文字で，ベクトルやスカラーを小文字で記述するために，確率変数と実現値の区別は行いません．

*2 ラベル y だけでなく，入力ベクトル $\boldsymbol{x}$ の予測も考慮に入れる場合を生成的なモデルと呼びます．この場合，入力ベクトルとラベルの区別は不必要になります．

小化は正規分布に従う加法的な観測ノイズの下での最尤推定と一致します.

一方，手書き数字の識別であれば期待誤分類率

$$L(f) = \mathbb{E}_{\boldsymbol{x},y}\left[I\{yf(\boldsymbol{x}) < 0\}\right] \tag{2.2}$$

や**相対エントロピー**（relative entropy）

$$\begin{aligned} L(q) &= \mathbb{E}_{\boldsymbol{x}}\left[\sum_{y=1}^{C} p(y|\boldsymbol{x}) \log \frac{p(y|\boldsymbol{x})}{q(y|\boldsymbol{x})}\right] \\ &= \mathbb{E}_{\boldsymbol{x},y}\left[-\log q(y|\boldsymbol{x})\right] + \text{const.} \end{aligned} \tag{2.3}$$

を考えることが一般的です．ここで，$I(E)$ は事象 E が真であれば 1，そうでなければ 0 をとる関数とします．C はラベル y のとりうる値の数であり，$p(y|\boldsymbol{x})$ は入力 $\boldsymbol{x}$ が与えられたもとでのラベル y の真の条件付き確率，$q(y|\boldsymbol{x})$ はモデルの予測する条件付き確率とします．$\log p(y|\boldsymbol{x})$ に関する期待値はモデル q に依存しないため，これを定数項として除いた式 (2.3) は**対数損失**（log loss）と呼ばれます．特に，2 クラス $y \in \{-1, +1\}$ の場合，クラス事後確率の比の対数を関数 f と置き直す変換

$$\log \frac{q(y=+1|\boldsymbol{x})}{q(y=-1|\boldsymbol{x})} = f(\boldsymbol{x}) \tag{2.4}$$

を行うと，条件付き確率の和が 1 であるという制約 $q(y=+1|\boldsymbol{x}) + q(y=-1|\boldsymbol{x}) = 1$ より，

$$q(y|\boldsymbol{x}) = \frac{1}{1+\exp(-yf(\boldsymbol{x}))}$$

が得られ，対数損失は f の関数として

$$L(f) = \mathbb{E}_{\boldsymbol{x}}\left[\log\left(1 + e^{-yf(\boldsymbol{x})}\right)\right] \tag{2.5}$$

のように書き換えられます．式 (2.5) は**ロジスティック損失**（logistic loss）と呼ばれます．

上の誤差はいずれも未知の確率分布 $P(\boldsymbol{x}, y)$ に関する期待値ですから，直接評価することはできない点に注意してください．期待二乗誤差 (2.1) や期待誤分類率 (2.2) を総称して**期待誤差**（expected error）と呼び，訓練データ $(\boldsymbol{x}_i, y_i)_{i=1}^{n}$ から計算される**経験誤差**（empirical error）（あるいは訓練誤差）

と区別します．

期待二乗誤差 (2.1) を最小にする関数 f は入力ベクトル $\boldsymbol{x}$ が与えられたもとでのラベル y の条件付き期待値 $f(\boldsymbol{x}) = \mathbb{E}[y|\boldsymbol{x}]$ で与えられます．もちろんこの期待値を計算することはできないので，何らかの方法で訓練データ $(\boldsymbol{x}_i, y_i)_{i=1}^n$ を用いて近似することになります．このように入力ベクトル $\boldsymbol{x}$ の上の連続関数を訓練データから推定する問題は**回帰** (regression) と呼ばれます．一方，手書き数字の識別のように離散的な出力 y をとる関数を推定する問題は**分類** (classification) と呼ばれます．ただし，ラベル y が離散であっても条件付き確率 $P(y|\boldsymbol{x})$ は連続関数であり，これを推定することができれば分類問題を解くことができるため，分類も回帰の一種であるとみなすこともできます．例えば，ロジスティック損失に対応する経験誤差を最小化することは**ロジスティック回帰**（logistic regression）と呼ばれます．

一般に期待誤差を直接評価することはできませんが，訓練データ $(\boldsymbol{x}_i, y_i)_{i=1}^n$ を用いて近似することはできます．これを最小化するのが，最も基本的な**経験誤差最小化**（empirical risk minimization） の考え方です．期待二乗誤差 (2.1) に対応する経験誤差は

$$\hat{L}(f) = \frac{1}{n}\sum_{i=1}^{n} \ell_{\mathrm{S}}(y_i, f(\boldsymbol{x}_i)) \tag{2.6}$$

ただし

$$\ell_{\mathrm{S}}(y, z) = (y - z)^2 \tag{2.7}$$

と書くことができます．例えば関数 f として，係数ベクトル $\boldsymbol{w} \in \mathbb{R}^d$ と切片 $b \in \mathbb{R}$ を持つ線形モデル $f(\boldsymbol{x}) = \boldsymbol{x}^\top \boldsymbol{w} + b$ を仮定すると，

$$(\hat{\boldsymbol{w}}, \hat{b}) = \operatorname*{argmin}_{\boldsymbol{w}\in\mathbb{R}^d, b\in\mathbb{R}} \frac{1}{n}\sum_{i=1}^{n} \ell_{\mathrm{S}}(y_i, {\boldsymbol{x}_i}^\top \boldsymbol{w} + b) \tag{2.8}$$

のように，経験誤差 (2.6) を最小化するように，パラメータ $\boldsymbol{w}, b$ を選ぶことが経験誤差最小化です．ここで，最小化を達成するパラメータ $(\hat{\boldsymbol{w}}, \hat{b})$ を**推定量**（estimator）と呼び，ハットを付けて一般のパラメータと区別します．推定量は訓練データ $(\boldsymbol{x}_i, y_i)_{i=1}^n$ に依存することに注意してください．この最適化問題は一般に行列 $\boldsymbol{X} = [\boldsymbol{x}_1, \ldots, \boldsymbol{x}_n]^\top$ のランク（階数）（**メモ 2.1** を参照）

が $d+1$ 以上であれば，一意に解 $(\hat{\boldsymbol{w}}, \hat{b})$ が定まります．

一方，期待対数損失 (2.3) に対応する経験誤差は

$$\hat{L}(q) = -\frac{1}{n}\sum_{i=1}^{n} \log q(y_i|\boldsymbol{x}_i)$$

であり，期待ロジスティック損失 (2.5) に対応する経験誤差は

$$\hat{L}(f) = \frac{1}{n}\sum_{i=1}^{n} \ell_{\mathrm{L}}(y_i, f(\boldsymbol{x}_i))$$

と書くことができます．ただし，

$$\ell_{\mathrm{L}}(y,z) = \log\left(1+e^{-yz}\right) \tag{2.9}$$

と定義しました．

ここまで紹介した3つの経験誤差はいずれも何らかの損失関数の n 個のサンプルの上の経験平均 $(\frac{1}{n}\sum_{i=1}^{n}\cdots)$ として定義されます．ただし，これらに共通するのは損失関数に対応する確率モデルが存在するという点です．実際，二乗損失 (2.7) は，ラベル y が正規分布に従う加法的な観測ノイズを伴って観測されるというモデルに対応し，ロジスティック損失 (2.9) は事後確率の比の対数（ロジット）を $f(\boldsymbol{x})$ と置き直す変換 (2.4) に基づいています．

一方，確率モデルに基づかずに損失関数を導出する方法として，上界に基づく方法があります．分類問題の場合，期待誤分類率 (2.2) に基づく評価が確率モデルを必要としないため，もっとも直接的な評価方法といえます．ただし，誤分類率に対応する損失関数は一般に非連続，非凸な関数です．2値分類の場合，この関数は0-1損失関数と呼ばれ，

$$\ell_{\text{0-1}}(y,z) = I(yz<0) \tag{2.10}$$

のように書かれます（**図 2.1** を参照）．式 (2.10) を区分線形に近似した**ヒンジ損失**（hinge loss）

$$\ell_{\mathrm{H}}(y,z) = \max(0, 1-yz) \tag{2.11}$$

が広く使われています [85]．興味深いことに，学習器の出力 z とラベル y の積の絶対値が大きい領域では，ヒンジ損失と確率モデルから導出されたロジ

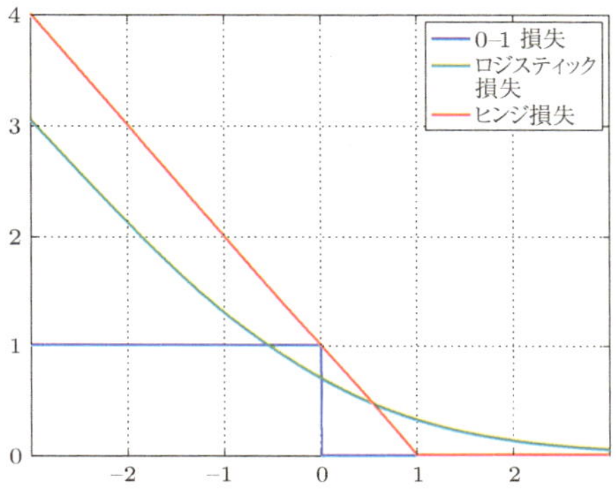

図 2.1 2 値分類のための損失関数，0-1 損失関数 (2.10)，ロジスティック損失関数 (2.9)，ヒンジ損失関数 (2.11) の比較．横軸はラベル $y \in \{-1, +1\}$ と学習器の出力 z の積 yz を表します．

行列 $\boldsymbol{X} \in \mathbb{R}^{n \times d}$ の**ランク**（階数）は線形代数における最も重要な概念の 1 つであり，等価に

1. 行列 $\boldsymbol{X}$ の線形独立な列の数
2. 行列 $\boldsymbol{X}$ の線形独立な行の数
3. 変数 $\boldsymbol{w} \in \mathbb{R}^d$ に関する連立 1 次方程式 $\boldsymbol{X}\boldsymbol{w} = \boldsymbol{y}$ の独立な方程式の数
4. 行列 $\boldsymbol{X}$ の非ゼロ特異値の数

と表現することができます．

メモ 2.1 ランク

スティック損失 (2.9) は定性的に似た振る舞いをします．また，どちらも凸関数であり，効率的に最小化することができます（**メモ 2.2**，6 章を参照）．

2.2 分散とバイアス

経験誤差（例えば経験二乗誤差 (2.6)）は学習モデルのパラメータ（例えば式 (2.8)の $(\boldsymbol{w}, b)$）が訓練データに対してどの程度よく当てはまっている

関数 $f:\mathbb{R}^d \to \mathbb{R}$ は任意の $\boldsymbol{x}, \boldsymbol{y} \in \mathbb{R}^d$, 実数 $\alpha \in [0,1]$ に関して，条件

$$f(\alpha\boldsymbol{x} + (1-\alpha)\boldsymbol{y}) \leq \alpha f(\boldsymbol{x}) + (1-\alpha)f(\boldsymbol{y})$$

を満たすとき，**凸関数**（convex function）であるといいます．また，$-f(\boldsymbol{x})$ が凸関数であるとき，f は**凹関数**（concave function）であるといいます．

さらに，集合 $S \subseteq \mathbb{R}^d$ は，任意の $\boldsymbol{x}, \boldsymbol{y} \in S$ に関して任意の内分点が S に含まれる，すなわち任意の実数 $\alpha \in [0,1]$ に関して，

$$\alpha\boldsymbol{x} + (1-\alpha)\boldsymbol{y} \in S$$

が成立するとき，**凸集合**（convex set）であるといいます．

制約集合が凸集合で，目的関数が凸関数の最小化か，凹関数の最大化である最適化問題を凸最適化問題と呼びます．

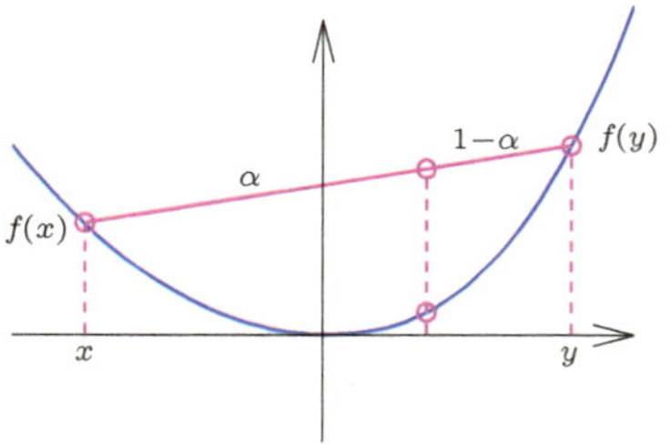

(a) 凸関数

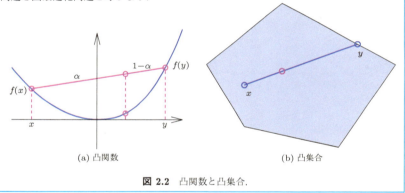

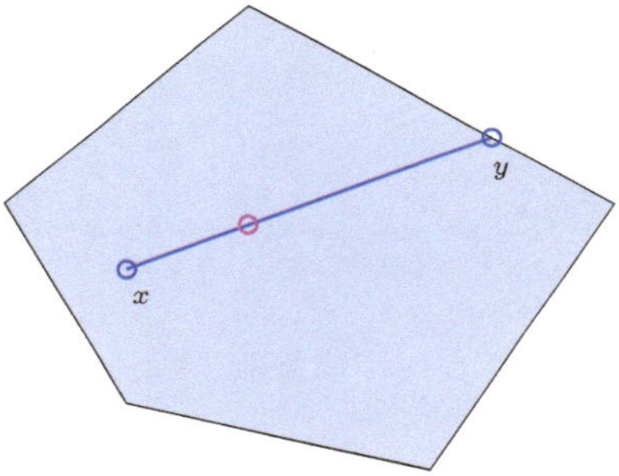

(b) 凸集合

図 2.2　凸関数と凸集合.

メモ 2.2　凸最適化問題

かを評価します．訓練データに対する当てはまりがよかったとしても期待誤差（例えば期待二乗誤差 (2.1)）がよいとは限りません．訓練データに含まれる誤差に適合するあまり，期待誤差が大きくなってしまう現象を**過剰適合**（overfitting）と呼びます．逆に有限サンプルから得られた推定量の期待誤差が小さいことを**汎化する**といいます．

極端な例を図 **2.3** に挙げます．この例では出力 y は多項式モデル

$$y_i = 100(x_i - 0.2)(x_i - 0.5)(x_i - 0.8) + \epsilon_i \tag{2.12}$$

から生成しました．ただし，入力点 $x_i = 0.1, 0.2, \ldots, 1.0$ とし，観測雑音 ϵ_i

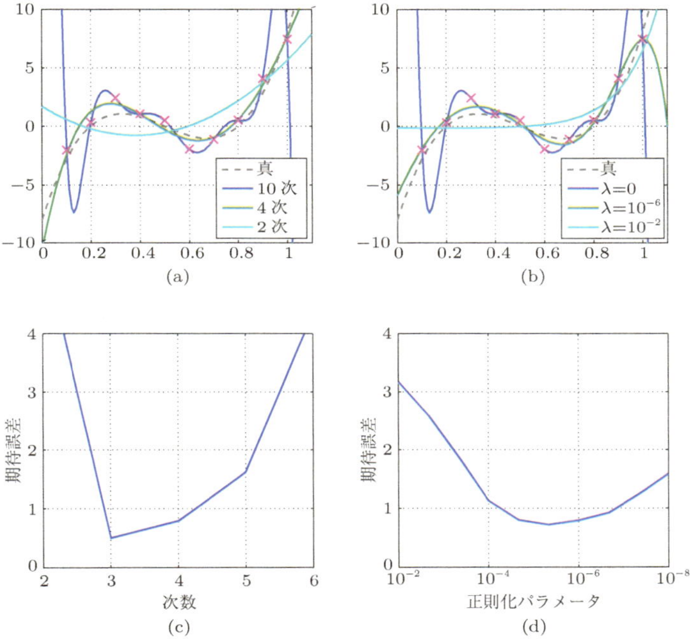

図 2.3 人工データを用いて過学習が起きることと，多項式の次数を制約したり，係数ベクトルのノルムを正則化したりすることにより過学習を抑えられることを示します．

は平均 0，分散 1 の正規分布からのサンプルです．したがって期待二乗誤差 (2.1) を最小化するのは式 (2.12) の第 1 項の 3 次多項式です．

図 2.3 (a) で青色の実線は 11 個のパラメータ $\boldsymbol{w} = (w_0, \ldots, w_{10})^\top$ によって指定される 10 次の多項式

$$f_{\boldsymbol{w}}(x) = w_0 + w_1 x + w_2 x^2 + \cdots + w_{10} x^{10} \tag{2.13}$$

の集合の中から経験誤差 (2.6) を最小化する関数を選んで示しています．このようなデータを説明する候補となる関数の集合を**仮説集合**（hypothesis class）あるいは**モデル**（model）と呼びます．ここでは，与えられた入出力ペアの数 10 よりパラメータ数が多いため，すべてのサンプル点を通り，経験二乗誤差をゼロにするような多項式を選ぶことができます．これは明らか

な過剰適合です．なぜなら，期待二乗誤差を最小化する式 (2.12) の第 1 項の 3 次多項式は観測雑音 ϵ_i の値に依存しないため，経験二乗誤差はゼロにはならないからです．すなわち経験二乗誤差の最小化によって，真の関数だけでなく，ノイズに対しても適合してしまっていることがわかります．

過剰適合を防ぎ，汎化するためには，モデルを制約し，誤差への当てはまりを抑えることが必要です．モデルを制約する方法は

1. 多項式などの独立な基底関数の和として関数 f を表現し，その基底関数の数を小さく抑える
2. 関数 f の何らかのノルムを抑える

の 2 つの方法が考えられます．

モデルを制約すればするほど過剰適合は改善します．極端な場合として，モデルが 1 つの関数のみを含むのであれば，過剰適合は存在しなくなります．一方，モデルを制約すればするほどデータに対する当てはまりは悪くなります．モデルが小さすぎる場合，誤差だけではなくモデル化すべき関数も表現できなくなります．この現象を過小適合といい，モデルの小ささに起因する誤差を**バイアス**（bias）あるいは**近似誤差**といいます．

図 2.3 (a) では 4 次の多項式（緑色）と 2 次の多項式（水色）を当てはめた結果を示します．4 次の多項式を用いた場合はおおむね正しい関数を推定することができますが，2 次の多項式を用いた場合は真の多項式が 3 次であるのに対して，2 次の多項式を当てはめているためかなり悪い結果になっています．(c) に多項式の次数 p に対して期待誤差 (2.1) をプロットします．期待誤差の計算では入力 x は [0,1] の一様分布に従うとしました．期待誤差は $p = 3$ で最小値をとります．$p = 3$ より大きいモデルに対する期待誤差の増加は過剰適合に由来します．逆に $p = 3$ より小さいモデルに対する期待誤差の増加は (a) に示すように真の関数を当てはめきれないことに由来し，これは上で述べたバイアスです．

より具体的には推定量 $\hat{\boldsymbol{w}}$ の期待二乗誤差の訓練データに関する期待値を

$$\bar{L}(\hat{\boldsymbol{w}}) = \mathbb{E}_{\mathrm{Tr}}\mathbb{E}_{\boldsymbol{x},y}\left(y - \hat{\boldsymbol{w}}^\top \boldsymbol{\phi}(x)\right)^2 \tag{2.14}$$

一般に，式 (2.14) のように**期待誤差**の訓練データに関する期待値を評価する方法を**平均ケース評価**（average case analysis）と呼び，一定の仮定の範囲内で起こりうる最悪の場合の期待誤差を評価する**最悪ケース評価**（worst case analysis）として区別されます．平均ケースを評価するには訓練データの従う分布を仮定する必要がありますが，最悪ケースの評価よりも具体的かつ詳細な評価が可能です．

メモ 2.3 平均ケース評価

と定義します（**メモ 2.3** を参照）．ここで $\mathbb{E}_{\mathrm{Tr}}$ は推定量 $\hat{\boldsymbol{w}}$ を得るために用いた訓練データに関する期待値を表します．また，$\boldsymbol{\phi}(x)$ は任意の d 個の特徴量を並べたベクトル，$\boldsymbol{w}$ はそれらに対する係数を並べたベクトルとします．例えば，p 次多項式関数の学習では

$$\boldsymbol{\phi}(x) = (1, x^1, \ldots, x^p)^\top, \quad \boldsymbol{w} = (w_0, w_1, \ldots, w_p)^\top \tag{2.15}$$

です．式 (2.13) は $p = 10$ の場合です．

このとき，平均期待二乗誤差 (2.14) は

$$\bar{L}(\hat{\boldsymbol{w}}) = \underbrace{\mathbb{E}_{\mathrm{Tr}} \|\hat{\boldsymbol{w}} - \bar{\boldsymbol{w}}\|^2_{\boldsymbol{\Sigma}_x}}_{\text{分散}} + \underbrace{\|\bar{\boldsymbol{w}} - \boldsymbol{w}^*\|^2_{\boldsymbol{\Sigma}_x}}_{\text{バイアス}} + L(\boldsymbol{w}^*) \tag{2.16}$$

のように分解することができます．ここで，$\boldsymbol{w}^*$ は期待二乗誤差 (2.1) を最小化する訓練データに依存しないベクトルであり，最適性条件

$$\mathbb{E}\left[\boldsymbol{\phi}(x)\left(\boldsymbol{w}^{*\top}\boldsymbol{\phi}(x) - y\right)\right] = 0 \tag{2.17}$$

を満たします．したがって，$L(\boldsymbol{w}^*)$ はある基底関数 $\phi(x)$ のもとで，どのような学習アルゴリズム，いくつサンプルがあっても越えることのできない最小の誤差です [*3]．また，$\bar{\boldsymbol{w}}$ は推定量 $\hat{\boldsymbol{w}}$ の訓練データに関する期待値であり，$\bar{\boldsymbol{w}} = \mathbb{E}_{\mathrm{Tr}}\hat{\boldsymbol{w}}$ と定義しました．さらに，計量行列 $\boldsymbol{\Sigma}_x = \mathbb{E}\left[\boldsymbol{\phi}(x)\boldsymbol{\phi}^\top(x)\right]$ と定義し，この計量に基づく距離を

$$\|\boldsymbol{w} - \boldsymbol{w}'\|_{\boldsymbol{\Sigma}_x} = \sqrt{(\boldsymbol{w} - \boldsymbol{w}')^\top \boldsymbol{\Sigma}_x (\boldsymbol{w} - \boldsymbol{w}')} \tag{2.18}$$

と定義しました．

---

*3　ここで，$L(\boldsymbol{w}^*)$ は基底 $\boldsymbol{\phi}(x)$ のとり方（例えば多項式モデル (2.15)）に依存することに注意してください．ここでは $\boldsymbol{\phi}(x)$ から誘導される仮説集合 $\{f_{\boldsymbol{w}}(x) : f_{\boldsymbol{w}}(x) = \boldsymbol{w}^\top\boldsymbol{\phi}(x), \boldsymbol{w} \in \mathbb{R}^d\}$ が十分大きいと仮定し，バイアスをこれに対して相対的に定義していることに注意してください．

式 (2.16) の分解において第 1 項は期待値 $\bar{\boldsymbol{w}}$ のまわりでの推定量 $\hat{\boldsymbol{w}}$ の揺らぎを定量化する項であるため，**分散**（variance）と呼ばれます．

一方，第 2 項は期待二乗誤差 $L(\boldsymbol{w})$ を最小化するパラメータ $\boldsymbol{w}^*$ と推定量の期待値 $\bar{\boldsymbol{w}}$ の距離の 2 乗であり，この項は上で導入したバイアスを定量化する項です．$\bar{\boldsymbol{w}} = \boldsymbol{w}^*$ を満たす推定量は**不偏推定量** (unbiased estimator) と呼ばれます．バイアスは推定量を制限することに由来し，例えば推定量 $\hat{\boldsymbol{w}}$ が $\hat{\boldsymbol{w}} \in W$ のように凸集合 W（**メモ 2.2** を参照）に制限されている場合，$\bar{\boldsymbol{w}} \in W$ が成り立つため，不等式

$$\min_{\boldsymbol{w} \in W} \|\boldsymbol{w} - \boldsymbol{w}^*\|_{\Sigma_x} \leq \|\bar{\boldsymbol{w}} - \boldsymbol{w}^*\|_{\Sigma_x} \leq \min_{\boldsymbol{w} \in W} \|\boldsymbol{w} - \boldsymbol{w}^*\|_{\Sigma_x} + D$$

ただし，$D = \max_{\boldsymbol{w}, \boldsymbol{w}' \in W} \|\boldsymbol{w} - \boldsymbol{w}'\|_{\Sigma_x}$ が成立します．上式の左辺は制約集合 W の大きさに依存する項で，W が小さいほど（制約が強いほど）大きく，W が大きいほど（制約が弱いほど）小さいことがわかります．

最後に式 (2.16) を導出します．定義より

$$\begin{aligned}
\bar{L}(\hat{\boldsymbol{w}}) &= \mathbb{E}_{\mathrm{Tr}} \mathbb{E}_{\boldsymbol{x},y} \left(\hat{\boldsymbol{w}}^\top \boldsymbol{\phi}(x) - y\right)^2 \\
&= \mathbb{E}_{\mathrm{Tr}} \mathbb{E}_{\boldsymbol{x},y} \left\{(\hat{\boldsymbol{w}} - \bar{\boldsymbol{w}})^\top \boldsymbol{\phi}(x) + (\bar{\boldsymbol{w}} - \boldsymbol{w}^*)^\top \boldsymbol{\phi}(x) + \left(\boldsymbol{w}^{*\top} \boldsymbol{\phi}(x) - y\right)\right\}^2 \\
&= \mathbb{E}_{\mathrm{Tr}} \mathbb{E}_{\boldsymbol{x},y} \left\{(\hat{\boldsymbol{w}} - \bar{\boldsymbol{w}})^\top \boldsymbol{\phi}(x)\right\}^2 + \mathbb{E}_{\boldsymbol{x},y} \left\{(\bar{\boldsymbol{w}} - \boldsymbol{w}^*)^\top \boldsymbol{\phi}(x)\right\}^2 + L(\boldsymbol{w}^*) \\
&= \mathbb{E}_{\mathrm{Tr}} \|\hat{\boldsymbol{w}} - \bar{\boldsymbol{w}}\|_{\Sigma_x}^2 + \|\bar{\boldsymbol{w}} - \boldsymbol{w}^*\|_{\Sigma_x}^2 + L(\boldsymbol{w}^*)
\end{aligned}$$

を得ます．3 行目で期待値の順番を交換し，$\mathbb{E}_{\mathrm{Tr}} \hat{\boldsymbol{w}} - \bar{\boldsymbol{w}} = 0$ および $\boldsymbol{w}^*$ の最適性条件 (2.17) を用いました．また，最後の行では距離 $\|\cdot\|_{\boldsymbol{\Sigma}_x}$ の定義 (2.18) を用いました．

2.3 正則化

仮説集合の大きさを制御する方法は特徴量を増やしたり減らしたりするだけではありません．同じ特徴空間であってもパラメータベクトル $\boldsymbol{w}$ をより小さい集合から選ぶことで分散を減少させることができます．

このような方法としてパラメータベクトルのノルムを制約することが考えられます（**メモ 2.4** を参照）．ここでは罰則項付き推定量

関数 $\|\cdot\|:\mathbb{R}^d\to\mathbb{R}$ が 3 つの性質

1. （斉次性）任意の $\alpha\in\mathbb{R}$, $\boldsymbol{x}\in\mathbb{R}^d$ に対して，$\|\alpha\boldsymbol{x}\|=|\alpha|\|\boldsymbol{x}\|$
2. （劣加法性）任意の $\boldsymbol{x},\boldsymbol{y}\in\mathbb{R}^d$ に対して，$\|\boldsymbol{x}+\boldsymbol{y}\|\le\|\boldsymbol{x}\|+\|\boldsymbol{y}\|$
3. （独立性）$\boldsymbol{x}=0\ \Rightarrow\ \|\boldsymbol{x}\|=0$

を満たすとき，$\|\cdot\|$ は**ノルム**（norm）であるといいます．

例えば ℓ_1 **ノルム**，ℓ_2 **（ユークリッド）ノルム**，ℓ_∞ **（無限大）ノルム**はそれぞれ

$$\|\boldsymbol{x}\|_1=\sum_{j=1}^{d}|w_j|,\qquad \|\boldsymbol{x}\|_2=\sqrt{\sum\nolimits_{j=1}^{d}w_j^2},\qquad \|\boldsymbol{x}\|_\infty=\max_{j=1,\dots,d}|w_j|$$

と定義されます（図 **2.4**）．

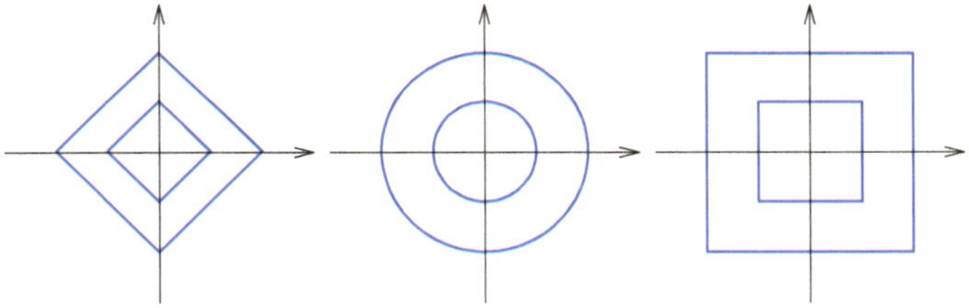

図 2.4　ℓ_1 ノルム（左），ℓ_2 ノルム（中央），ℓ_∞ ノルム（右）の等高線．

メモ 2.4　ノルム

$$\hat{\boldsymbol{w}}=\mathop{\mathrm{argmin}}_{\boldsymbol{w}\in\mathbb{R}^{11}}\left(\hat{L}(\boldsymbol{w})+\lambda\|\boldsymbol{w}\|_2^2\right)\tag{2.19}$$

を考えます．ここで $\lambda>0$ は**正則化パラメータ**（regularization parameter）と呼ばれ，経験誤差項 $\hat{L}(\boldsymbol{w})$ と正則化項 $\|\boldsymbol{w}\|_2^2$ の相対的な重要性を定めます．この推定量は 2.5 節で示すようにパラメータベクトル $\boldsymbol{w}$ のノルムを制約した推定量

$$\hat{\boldsymbol{w}}=\mathop{\mathrm{argmin}}_{\boldsymbol{w}\in\mathbb{R}^{11}}\hat{L}(\boldsymbol{w})\quad\text{subject to}\quad\|\boldsymbol{w}\|_2^2\le C\tag{2.20}$$

と等価です．$C>0$ も正則化パラメータです．この方法ではノルムを制約するもののパラメータ数は 11 であり，関数 $f_{\hat{\boldsymbol{w}}}$ は正則化パラメータ λ の値に関係なく，10 次の多項式である点に注意してください．

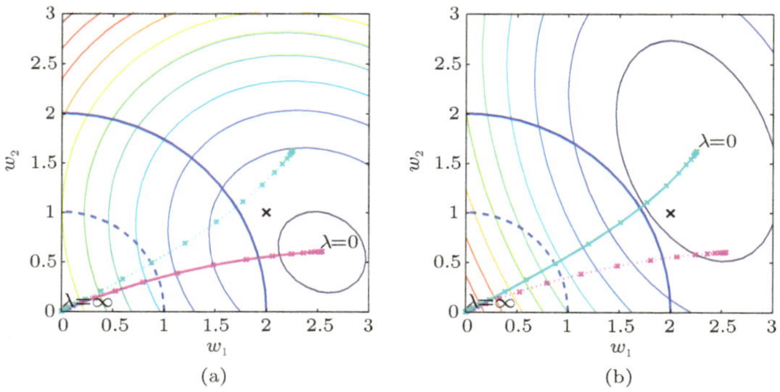

図 2.5 罰則項付き最小化問題 (2.19) の幾何学的な解釈．パラメータ次元 $d = 2$ の人工的に生成した回帰問題に対する正則化軌跡（異なる正則化パラメータ λ の値に対する解を曲線として示したもの）．(a) と (b) は同じ確率分布から独立に生成した 2 組のデータに対する結果です．真のパラメータは $\boldsymbol{w}^* = (2,1)^\top$（黒色の×印）とし，サンプル数 $n = 10$ です．楕円状の等高線は経験誤差関数 $\hat{L}(\boldsymbol{w})$ を表します．少サンプルに由来する揺らぎのため，(a) と (b) で経験誤差関数は異なっています．$\lambda = 0$ における推定値 $\hat{\boldsymbol{w}}$ はこの関数を最小とする点です．正則化パラメータ λ が大きくなるに従って，解 $\hat{\boldsymbol{w}}$ は原点に近づいていきます．原点を中心とする同心円と解曲線の交点はノルム制約付き最小化問題 (2.20) の解に対応します．(a)(b) の反対の図における解曲線を破線で加えました．

なぜパラメータベクトルのノルムを罰則項として用いたり，制約したりすると分散を減らすことができるのかを直感的に図 **2.5** に示します．ここでは $\boldsymbol{w}^* = (2,1)^\top$ を真のパラメータとして，ランダムに生成した回帰問題を罰則項付き最小化問題 (2.19) を用いて解き，異なる正則化パラメータ λ の値に対する解を曲線（正則化軌跡）として示しています．(a) と (b) は独立に同一の分布から生成した 2 組の訓練データに対する結果を示しています．サンプル数 $n = 10$ です．サンプル数 $n = 10$ は比較的小さいため，経験誤差関数 $\hat{L}(\boldsymbol{w})$ とその最小値は (a) と (b) でかなり異なっています．正則化パラメータ λ が大きくなるに従って，解 $\hat{\boldsymbol{w}}$ は原点を中心とする小さい同心円の内部に制約されるため（2.5 節を参照），(a) と (b) の解曲線が互いに近づいていきます．すなわち，正則化が強くなるほど，少サンプルに由来する揺らぎが抑えられ，分散が小さくなることがわかります．

図 2.3(b) に 2.3 節の多項式回帰問題に対して罰則項付き経験誤差最小化

(2.19) を用いた結果を示します．$\lambda = 10^{-6}$ ではおおむね正しい関数を推定することができます．一方，$\lambda = 10^{-2}$ では $0 \leq x \leq 0.6$ の範囲で学習された関数がほぼ直線になり誤差が大きくなってしまっています．図 2.3 (d) に期待誤差を正則化パラメータ λ に対してプロットします．(c) と (d) を比較すると，(d) では期待誤差は正則化パラメータ $\lambda = 10^{-5}$ 付近で最小をとるものの，それほど極端に変化しないのに対し，(c) では次数 $p = 3$ 付近でやや急峻に誤差が変化することがわかります．これはパラメータの数を制約する場合は，$p = 3$ 以上では上で述べたバイアスと呼ぶ誤差要因がゼロになるのに対して，パラメータのノルムを制約する場合は，$\lambda = 0$ でない限りバイアスはゼロにならないためといえます．

2.4 交差確認

2.3 節で多項式の次数 p，正則化パラメータ λ あるいは C を調節することでバイアスと分散のトレードオフをはかることができることを見ました．これらのパラメータはモデルの持つパラメータ（例えば係数ベクトル $\boldsymbol{w}$ や切片 b）と区別するために，**ハイパーパラメータ**（hyper parameter）と呼ばれます．ハイパーパラメータを決定する問題は一般に**モデル選択**（model selection）と呼ばれます．データをもとに客観的にハイパーパラメータを決めるにはどうしたらよいでしょうか．

訓練データに対する当てはまり（例えば (2.6)）をハイパーパラメータを決める基準として用いることはできません．なぜなら，大きなモデルほど（C が大きいほど，λ が小さいほど）訓練データに対する当てはまりはよくなるからです．期待誤差（例えば (2.1)）は未知の分布に関する期待値が必要であるため，基準として用いることはできません．ハイパーパラメータを決定する方法として次の 2 つの方法が一般によく用いられます．

1. **検証 (validation) データを用いる方法**：与えられたデータを訓練用と検証用に分割し，訓練データを用いてパラメータを（固定されたハイパーパラメータに対して）学習し，検証データに対する誤差（例えば (2.6)）を最小化するようにハイパーパラメータを決めます．訓練用と検証用部分の比率は 8：2 や 9：1 とするのが一般的です．

2. **交差確認** (cross validation)：与えられた訓練データを K 個に分割し，$K-1$ 個の部分で学習し，残りの部分に対する誤差を評価します．これをすべての $1,\ldots,K$ 部分に関して繰り返し，誤差を平均します．K の値としては 5 や 10 が一般的です．さらに，分割をランダムにして繰り返し，平均をとることも行われます．

検証データを用いる方法は，交差確認に比べて計算が少ないため，大規模データを扱う場合に用いられることが多いです．また，交差確認におけるデータの分割はランダムに行うことが一般的ですが，検証データを用いる方法では分割を固定することが多いようです．この場合，検証データに対する誤差も再現性があるため，PASCAL Visual Object Classes*4 や ImageNet Large Scale Visual Recognition Challenge*5 などのコンペティションではこの方法が用いられることが多いようです．小～中規模のデータに対しては交差確認を行うことでモデル選択そのものの揺らぎを抑えることができます．

2.5 制約付き最小化問題と罰則項付き最小化問題の等価性

本節では，一般の損失関数 *6L と罰則項 g に関して，制約付き最小化問題

$$\underset{\boldsymbol{w}\in\mathbb{R}^d}{\text{minimize}} \quad L(\boldsymbol{w}) \quad \text{subject to} \quad g(\boldsymbol{w}) \leq C \tag{2.21}$$

と，罰則項付き最小化問題

$$\underset{\boldsymbol{w}\in\mathbb{R}^d}{\text{minimize}} \quad L(\boldsymbol{w}) + \lambda g(\boldsymbol{w}) \tag{2.22}$$

が等価であることを説明します．ここで，損失関数 L および，罰則項 g はともに凸関数とし，任意の C に関して集合 $\{\boldsymbol{w} \in \mathbb{R}^d : g(\boldsymbol{w}) \leq C\}$ が有界であると仮定します．

---

*4 http://host.robots.ox.ac.uk/pascal/VOC/

*5 http://www.image-net.org/challenges/LSVRC/

*6 本来ならば損失関数 L は式 (2.19) のようにハットをつけて表現するべきですが，本節では経験誤差関数と期待誤差関数を混同する恐れがないため，ハットをとってあります．

ある C における制約付き最小化問題 (2.21) の最小値を $L(C)$ とします．制約集合は C に関して単調増大（図 2.5 を参照）なので，$L(C)$ は単調減少（非増加）関数です．ただし，制約なし最小値 $L_0 = \min_{\boldsymbol{w}} L(\boldsymbol{w})$ より $L(C)$ が小さくなることはないことに注意してください．**図 2.6** に $L(C)$ を示します．さらに図 2.6 に方程式 $L + \lambda C = t$ で表される直線（破線）を加えます．曲線 $L(C)$ の上側の領域はある制約 C のもとでとりうる目的関数 $L(\boldsymbol{w})$ の値を表します．この領域は損失関数 L，罰則項 g がともに凸関数であれば凸集合です（メモ 2.2 を参照）．さらに，この領域と直線 $L + \lambda C = t$ が交差する（共通部分を持つ）ということは，対応する λ における罰則付き最小化問題 (2.22) の最小値は t 以下であることを意味します．したがって，共通部分を持つという制約の中で最も小さい t に対応する直線を実線で示しました．このときの交点の座標 (L, C) が，罰則項付き最小化問題 (2.22) の解 $\hat{\boldsymbol{w}}$ における当てはまりの値 $L = L(\hat{\boldsymbol{w}})$ および罰則項の値 $C = g(\hat{\boldsymbol{w}})$ を与えます．この C の値に対する制約付き最小化問題 (2.21) の解は罰則項付き最小化問題の解 $\hat{\boldsymbol{w}}$ を含みます．逆に，曲線上側領域の凸性から，任意の C に対して対応する λ の値があり，罰則項付き最小化問題 (2.22) の解はこの C に対する制約付き最小化問題 (2.21) の解を含みます．

また図 2.6 から，この交点における C の値は λ に関して単調減少（非増加）関数であること，$\lambda \to 0$ で $L(\hat{\boldsymbol{w}}) \to L_0$ となることもわかります．ただし，$L(\boldsymbol{w}) = L_0$ となる $\boldsymbol{w}$ が一意でない場合，正則化パラメータ λ がゼロに近づくにつれて，$\hat{\boldsymbol{w}}$ は「$L(\boldsymbol{w}) = L_0$ となる $\boldsymbol{w}$ の中で罰則項 g を最小化するもの」

$$\underset{\boldsymbol{w}}{\operatorname{argmin}}\, g(\boldsymbol{w}) \quad \text{subject to} \quad L(\boldsymbol{w}) = L_0$$

に近づきます．また，$L(\boldsymbol{w}) = L_0$ となる $\boldsymbol{w}$ が存在しない（発散する）場合，$\hat{\boldsymbol{w}}$ も $\lambda \to 0$ で発散します．

さらに，罰則項 $g(\boldsymbol{w})$ に対して $g'(\boldsymbol{w}) = g^2(\boldsymbol{w})$ や $g'(\boldsymbol{w}) = \log g(\boldsymbol{w})$ などの単調増大な変換をしても，集合 $\{\boldsymbol{w} \in \mathbb{R}^d : g(\boldsymbol{w}) \leq C\}$ と $\{\boldsymbol{w} \in \mathbb{R}^d : g'(\boldsymbol{w}) \leq C'\}$ が一致するようにパラメータ C と C' を対応させることができるので，制約付き最小化問題 (2.21) は等価であるといえます．したがって，罰則項付き最小化問題 (2.22) と，例えば

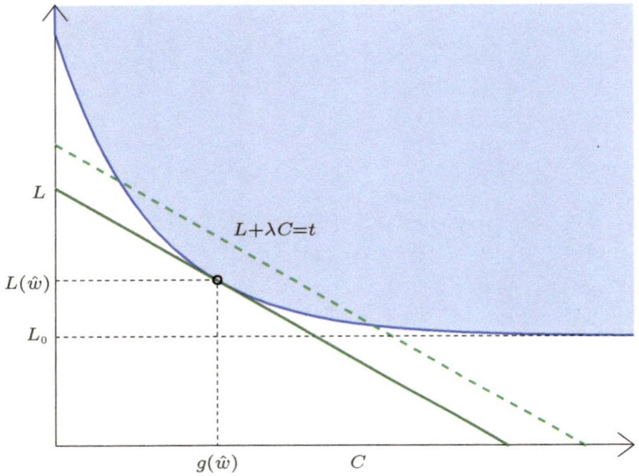

図 2.6 制約付き最小化問題 (2.21) における目的関数 $L(\boldsymbol{w})$ とパラメータ C のトレードオフ関係．青の実線 $L(C)$ は目的関数の最小値を示し，青の実線の上側の領域は制約 $g(\boldsymbol{w}) \leq C$ のもとで達成可能な目的関数 $L(\boldsymbol{w})$ の値を示します．

$$\underset{\boldsymbol{w}\in\mathbb{R}^d}{\text{minimize}} \quad L(\boldsymbol{w}) + \lambda' g^2(\boldsymbol{w})$$

は制約付き最小化問題 (2.21) を通してパラメータ λ と λ' を適切に関係づけることが可能であるため，等価であるということができます．

Chapter 3

スパース性の導入

本章ではオッカムの剃刀（いわゆるケチの原理）からスパース性を導入し，その凸近似として直感的に ℓ_1 ノルム正則化を導入します．また，人工データを用いていくつかのヒューリスティックスと ℓ_1 ノルム正則化を比較し，単純なヒューリスティックスよりも性能がよいことをみます．

3.1 オッカムの剃刀

「ある事柄を説明するために不必要に多くの要因を仮定してはならない」という 14 世紀のイギリスの神学者オッカムの格言があります．逆にいえば，「同じことが説明できるならなるべく少ない要因を用いるべきだ」と言い換えることができるでしょうか．この格言はデータから何らかのモデルを学習しようとする機械学習の営みにも当てはまります．より多くの要因を仮定すると，少サンプル数の影響を受けて過剰適合する恐れが大きくなります．また，機械学習の特有の問題として，より多くの要因を仮定すると，仮によい予測性能が得られたとしてもモデルがブラックボックス化し，ユーザーに理解しにくくなるという問題があります．

少ない数の要因で説明するということを数学的に表現してみましょう．例えば，ゲノム変異から病気のかかりやすさを予測する問題のように，予測するべき対象を x とし，予測するべき値を y とすると，x から導かれるありとあらゆる可能な仮説 $\phi_1(x), \ldots, \phi_d(x)$ をまとめてベクトル $\boldsymbol{\phi}(x)$ で表すと，y

の予測値として，パラメータ $\boldsymbol{w} \in \mathbb{R}^d$ を持つ関数

$$f(x) = \boldsymbol{w}^\top \boldsymbol{\phi}(x) = \sum_{j=1}^{d} w_j \phi_j(x)$$

を考えることができます．ここで，仮にある要因 $\phi_j(x)$ に対応する係数が $w_j = 0$ であれば，その要因を用いていないのと同じことなので，説明に用いている要因の数はベクトル $\boldsymbol{w}$ の非ゼロ要素の数に対応します．ほとんどの要素がゼロであるベクトルは**スパース**（sparse，まばらの意味）であると呼ばれ，これが本書のタイトルの「スパース性」という用語の由来です．

パラメータ $\boldsymbol{w}$ は訓練データに対する当てはまり（例えば経験二乗誤差）を関数 $\hat{L}(\boldsymbol{w})$ で表し，$\hat{L}(\boldsymbol{w})$ がなるべく小さくなる（当てはまりがよくなる）ように $\boldsymbol{w}$ を決めることが考えられます．

そこで，ベクトル $\boldsymbol{w}$ の**台**（support）$\mathrm{supp}(\boldsymbol{w})$ をベクトル $\boldsymbol{w}$ のゼロでない要素の集合と定義すると，「同じくらいよく説明できるなら非ゼロ要素の数が少ないほうがよい」のであれば，最適化問題として，

$$\underset{\boldsymbol{w}}{\text{minimize}} \quad s(\boldsymbol{w}) \quad \text{subject to} \quad \hat{L}(\boldsymbol{w}) \le c \tag{3.1}$$

と表現することができます．ここで $s(\boldsymbol{w}) = |\mathrm{supp}(\boldsymbol{w})|$ はベクトル $\boldsymbol{w}$ の非ゼロ要素の数を表します．

あるいは，「非ゼロ要素の数が一定以下という制限の中で最も当てはまりのよいパラメータを求めたい」のであれば，最適化問題として，

$$\underset{\boldsymbol{w}}{\text{minimize}} \quad \hat{L}(\boldsymbol{w}) \quad \text{subject to} \quad s(\boldsymbol{w}) \le k \tag{3.2}$$

と表現することができます．

3.2 ℓ_1 ノルム正則化

残念ながら，多くの場合に最適化問題 (3.1) および (3.2) は計算困難であることが知られています．その直接的な理由は d 変数のうちの任意の k 個の組み合わせを（最悪の場合には）しらみ潰しに調べる必要があるということです．例えば，100 変数の中の 10 変数の組み合わせは約 1.73×10^{13} という膨大な数になります．

そこで代わりに登場するのが ℓ_1 **ノルム正則化**と呼ばれる手法です．ベクトル $\boldsymbol{w}$ の ℓ_1 **ノルム**は要素ごとの絶対値の線形和として

$$\|\boldsymbol{w}\|_1 = \sum_{j=1}^{d} |w_j| \tag{3.3}$$

と定義されます．非ゼロ要素の数 $s(\boldsymbol{w})$ と同様に，非ゼロ要素の数が多くなるほど ℓ_1 ノルムも大きくなります．ただし，単に非ゼロ要素の数を数えているのとは異なり，ℓ_1 ノルムはベクトル $\boldsymbol{w}$ の長さにも比例することに注意してください．

ℓ_1 ノルム正則化付き学習は最適化問題として，

$$\underset{\boldsymbol{w}}{\text{minimize}} \quad \hat{L}(\boldsymbol{w}) \quad \text{subject to} \quad \|\boldsymbol{w}\|_1 \leq C \tag{3.4}$$

あるいは

$$\underset{\boldsymbol{w}}{\text{minimize}} \quad \hat{L}(\boldsymbol{w}) + \lambda\|\boldsymbol{w}\|_1 \tag{3.5}$$

と表されます．ここで，$C > 0, \lambda > 0$ はどちらも正則化パラメータです．任意のノルムは凸関数であるため，$L(\boldsymbol{w})$ が凸関数であれば，上記の最適化問題はどちらも凸最適化問題です（メモ 2.2 を参照）．

図 3.1 を用いて 1 次元の場合に，なぜ ℓ_1 ノルム正則化によってスパースな解が得られるのかを説明します．ここでは最適化問題 (3.5) を説明します．青色の放物線がデータへの当てはまり $\hat{L}(\boldsymbol{w})$ を表します．緑色の折れ線が正則化項を表し，この場合は単なる絶対値関数に正則化パラメータ λ をかけたものです．赤色の破線は $\hat{L}(\boldsymbol{w})$ の勾配を表し，勾配がゼロとなる点（赤色の円で示します）が ℓ_1 ノルム正則化項を考慮しない場合（$\lambda = 0$）の最小解を与えます．さて，$\lambda > 0$ とするとどうなるか考えてみます．正則化項 $\lambda|w|$ の勾配は $w > 0$ のとき $+\lambda$，$w < 0$ のとき $-\lambda$ なので，目的関数全体の勾配は図 (b), (c) の赤の実線で示すように原点を境に上下に λ だけ点対称に平行移動します．原点では勾配は一意に定まらず $[-\lambda, \lambda]$ の集合値をとります（**劣微分**と呼ばれます．**メモ 3.1** を参照）．勾配が横軸と交わる点は，λ が大きくなるに伴い少しずつ原点の方向に移動し，ついにある有限の λ の値以上になると図 (c) のように原点に留まることになります．これが 1 次元の場合に有限の正則化パラメータ λ でスパースな解が得られる理由です．

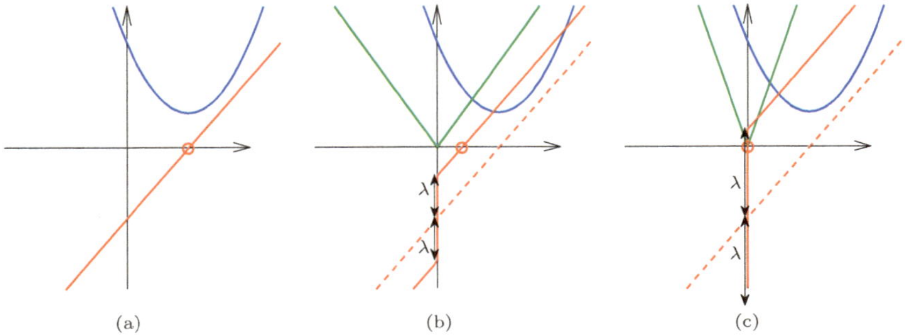

図 3.1 ℓ_1 ノルム正則化によってスパースな解が得られることの説明．青色の放物線は損失関数 $\hat{L}(w)$，緑色の折れ線は正則化項 $\lambda|w|$，赤色の実線は目的関数 (3.5) の（劣）微分を表します．目的関数の最小値は劣微分が横軸を交差する点で得られ，これを赤丸で示します．(a) は正則化パラメータ $\lambda = 0$，(b) は λ が小さい場合，(c) は λ が大きい場合を表します．正則化パラメータ λ がゼロより大きいとき，劣微分（赤色の実線）は原点で不連続になり $w > 0$ では上に λ，$w < 0$ では下に λ だけ平行移動することに注目してください．

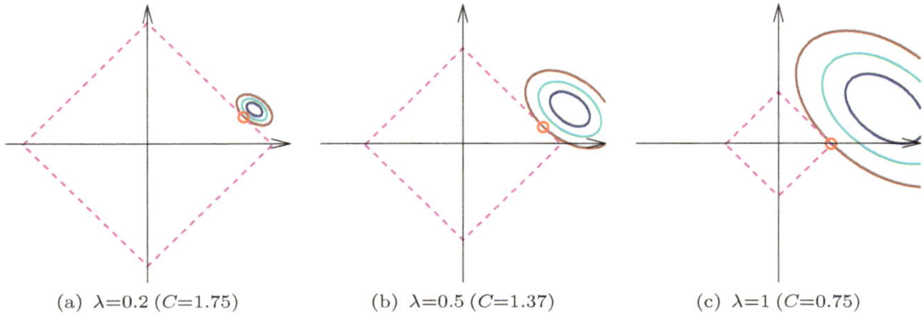

図 3.2 ℓ_1 ノルム正則化によってスパースな解が得られることの 2 次元での説明．罰則項付き最小化問題 (3.5) の正則化パラメータ λ を大きくしていくのに従って，対応する制約付き最小化問題 (3.4) のパラメータ C は小さくなり，最適解は原点に近づいていきます．このとき，制約集合が尖っているため，スパースな解が得られます．

同様に図 **3.2** に 2 次元の場合に最適化問題 (3.5) および (3.4) を説明します．図 3.2 では行列 $\boldsymbol{X} = \begin{bmatrix} 1 & 0.5 \\ 0 & 1 \end{bmatrix}$，ベクトル $\boldsymbol{y} = (1.75, 0.5)^\top$ に対して $L(\boldsymbol{w}) = 0.5\|\boldsymbol{X}\boldsymbol{w} - \boldsymbol{y}\|_2^2$ とおきました．左から $\lambda = 0.2, 0.5, 1$ に対する罰則

項付き最小化問題 (3.5) の解を赤丸で示します．楕円は損失関数 $L(\boldsymbol{w})$ の等高線を示し，破線で示す原点を中心とするダイヤモンド型の領域は対応する ℓ_1 ノルム制約集合を表します．対応する C の値は λ の値の隣に表示しています．この例では $\lambda = 0.2, 0.5$ での解は 2 つの非ゼロ係数を持ち，スパースではありませんが，$\lambda = 1$ では非ゼロ係数が 1 つの 1 スパースな解が得られています．この現象は図 3.1 の原点と同様に，係数に 0 を含む点（制約集合の頂点）において，ℓ_1 の微分が一意ではなく，集合値をとるためであると説

必ずしも微分可能でない凸関数 $f(\boldsymbol{w}) : \mathbb{R}^d \to \mathbb{R}$ に対して，点 $\boldsymbol{w}_0$ における**劣微分**（subdifferential）$\partial f(\boldsymbol{w}_0)$ を集合

$$\partial f(\boldsymbol{w}_0) = \{\boldsymbol{g} \in \mathbb{R}^d : \forall \boldsymbol{w}, f(\boldsymbol{w}) - f(\boldsymbol{w}_0) \geq \langle \boldsymbol{g}, \boldsymbol{w} - \boldsymbol{w}_0 \rangle\}$$

と定義します．もし f が $\boldsymbol{w}_0$ で微分可能であれば，上の条件を満たす $\boldsymbol{g}$ は $\boldsymbol{g} = \nabla f(\boldsymbol{w}_0)$ のみであり $\partial f(\boldsymbol{w}_0)$ は 1 点からなる集合です．劣微分の任意の要素 $\boldsymbol{g} \in \partial f(\boldsymbol{w}_0)$ を関数 f の $\boldsymbol{w}_0$ における**劣勾配** (subgradient) と呼びます．点 $\boldsymbol{w}_0$ における劣微分がゼロベクトルを含むとき，$f(\boldsymbol{w}) \geq f(\boldsymbol{w}_0)$ が成立し，$f(\boldsymbol{w}_0)$ は関数 f の最小値です．

例として，関数 $f(\boldsymbol{w}) = |w_1| + 2|w_2|$ を考えると，$\boldsymbol{w}_0 = (1, 0)^\top$ での劣微分は

$$\partial f(\boldsymbol{w}_0) = \left\{ \begin{pmatrix} 1 \\ 2z \end{pmatrix} : z \in [-1, 1] \right\}$$

のように得られます．これを図 **3.3** に示します．図 3.3 からわかるように負の劣勾配方向は必ずしも関数 f を減少させる方向ではないことに注意してください．

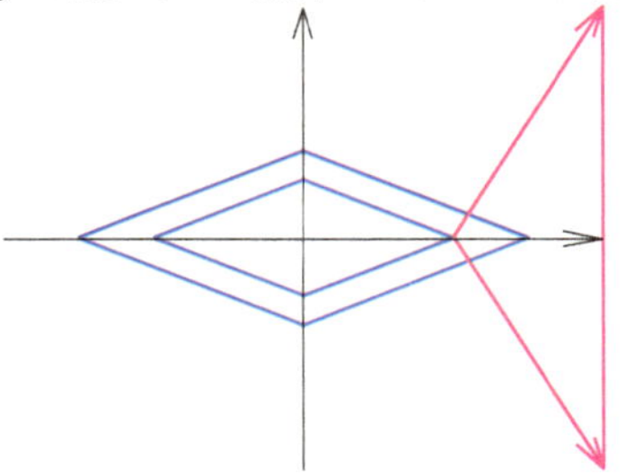

図 3.3 青い等高線は関数 $f(\boldsymbol{w}) = |w_1| + 2|w_2|$ を表します．点 $\boldsymbol{w}_0 = (1, 0)^\top$ における劣微分は図の右端に示すピンク色の線分領域です．

メモ 3.1 劣微分

明することができます．

正則化パラメータ C（あるいは λ）を動かした際の最適化解問題 (3.4)（あるいは (3.5)）の解軌跡は**正則化軌跡**（regularization path）と呼ばれます．

3.3 人工データを用いた説明

実際にデータを用いて ℓ_1 ノルム正則化の効果を示します．データは以下のように生成しました．まず $d = 200$ 次元の真の回帰係数ベクトル $\boldsymbol{w}^*$ を，最初の $k = 10$ 個の要素が非ゼロで，残りの要素がゼロになるようにランダムに選びます．次に，n をサンプル数として，行列 $\boldsymbol{X} \in \mathbb{R}^{n \times d}$ を以下のように生成します．まず，はじめの k 列は真の回帰係数ベクトルと直交するベクトルと弱い相関を持つ正規分布から生成します．次に，残りの $d - k$ 列を相関のない正規分布から生成します．最後に出力 $\boldsymbol{y}$ を以下の式に従って生成します．

$$\boldsymbol{y} = \boldsymbol{X}\boldsymbol{w}^* + \boldsymbol{\xi}$$

ここで，$\boldsymbol{\xi}$ は n 次元のベクトルで各要素が独立同一に標準正規分布 $\mathcal{N}(0, 1)$ に従います．

上の生成モデルでは i 番目のサンプル y_i は $\boldsymbol{x}_i{}^\top \boldsymbol{w}^*$ を平均とする正規分布（ただし $\boldsymbol{x}_i{}^\top$ は行列 $\boldsymbol{X}$ の i 番目の行を表します）に従うため，損失関数として

$$\hat{L}(\boldsymbol{w}) = \frac{1}{2n} \|\boldsymbol{y} - \boldsymbol{X}\boldsymbol{w}\|_2^2$$

を考えます．

次に比較の対象とする手法を説明します．

- **L1**：この手法は，最適化問題 (3.5) で定義される ℓ_1 ノルム正則化付き最小二乗法です．正則化パラメータ λ の値としてはサンプル数 n に対して，$\lambda = \lambda_0/\sqrt{n}$ とします．ただし，λ_0 は 10^{-3}〜10^3 の区間を対数線形に 20 等分した値を候補として用い，この中で得られた最小の誤差を示しています．
- **L2**：この手法は，ℓ_2 ノルム正則化付き最小二乗法（**リッジ回帰**（ridge

regression)）です．具体的には最適化問題

$$\hat{\boldsymbol{w}} = \underset{\boldsymbol{w}}{\operatorname{argmin}} \left(\hat{L}(\boldsymbol{w}) + \frac{\lambda}{2} \|\boldsymbol{w}\|_2^2 \right)$$

の解 $\hat{\boldsymbol{w}}$ として得られます．正則化パラメータ λ の値としてはサンプル数 n に対して，$\lambda = \lambda_0/n$ とします．ただし，λ_0 は 10^{-6}～10^6 の区間を対数線形に 20 等分した値を候補として用い，この中で得られた最小の誤差を示しています．

- **Largest-k**：この手法は，はじめに **L2** の解を得た後，重みベクトル $\hat{\boldsymbol{w}}$ の絶対値の大きい順に k 個の係数を残して，残りをゼロに打ち切ります．
- **2steps**：この手法は，各変数 $j = 1, \ldots, d$ ごとに 1 変数相関 $1/n \sum_{i=1}^{n} y_i x_{ij}$ を計算し，相関の絶対値の大きい順に k 個の変数を選んだ後，この k 変数に対して **L2** の解を得ます．
- **Optimal**：この手法は，はじめの k 変数だけが回帰に関係するということを事前知識として与えられている二乗回帰モデルです．**L2** と同様に ℓ_2 ノルム正則化を用います．

図 **3.4** に結果を示します．横軸はサンプル数 n，縦軸は訓練データと同分

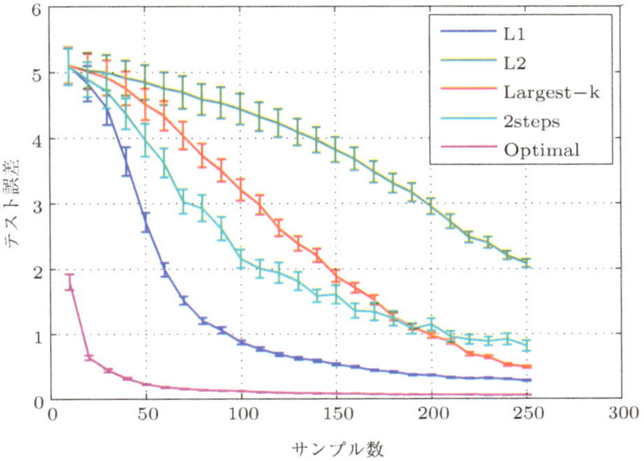

図 3.4 次元 $d = 200$，真の非ゼロ要素の数 $k = 10$ の人工データ実験の結果．横軸はサンプル数，縦軸はテスト誤差を表します．

布からサンプルした1000個のテスト点に対する平均二乗誤差（テスト誤差）を表します．まず，最も性能がよい（誤差が小さい）のは**Optimal**であることがわかります．これは事前知識としてどの要素が非ゼロであるべきなのかあらかじめ与えられているため，当たり前といえば当たり前です．**Optimal**はサンプル数が10〜20の間でテスト誤差が急峻に小さくなります．これは非ゼロ要素の数$k = 10$であるので自然です．次に，誤差が小さいのは**L1**です．**L1**はいくつの非ゼロ要素があるのかも，$d = 200$変数のうちのどの要素が非ゼロであるべきかも，どちらの知識も与えられていないことに注意してください．**L1**のテスト誤差が最大値の1/2を下回るのは$n = 50$の付近です．後の章で示すように，これは理論的に予想される$k \log(d) \simeq 53$と近い数です．次に，性能がよいのは**2steps**と**Largest-k**の2つのヒューリスティックです．ただし，どちらの手法も非ゼロ要素の数$k = 10$を知っ

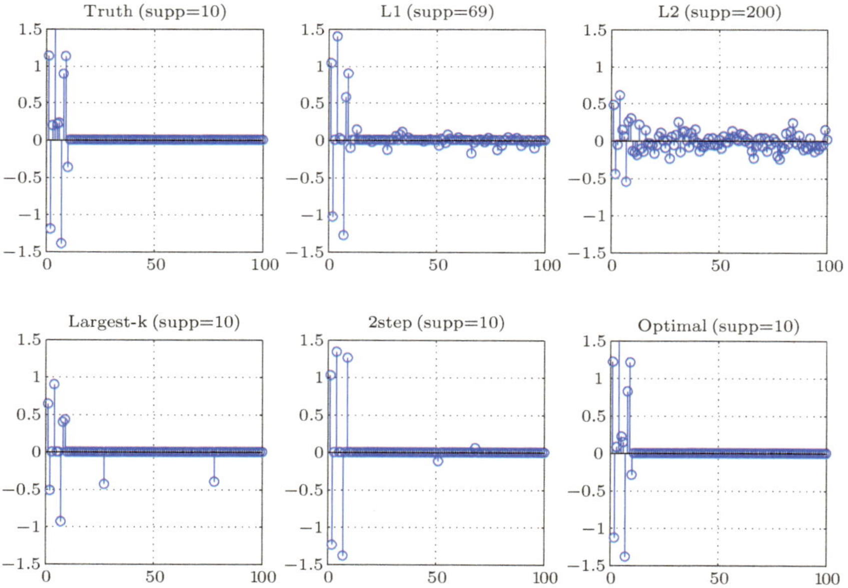

図 3.5 図3.4の人工データ実験の結果得られた重みベクトル$\hat{\boldsymbol{w}}$の係数．サンプル数$n = 150$，最初の100次元のみを表示しています．カッコ内の数字は非ゼロ係数の数を表します．

ていることを仮定していることに注意してください．最後に最も性能が悪いのは **L2** で，テスト誤差が最大値の 1/2 を下回るのは $n = 200$ と 250 の間です．

最後に，サンプル数 $n = 150$ における，真の重みベクトル $\boldsymbol{w}^*$ と，各手法を用いて得られた重みベクトル $\hat{\boldsymbol{w}}$ との比較を図 **3.5** に示します．手法の名前の横のカッコの中に得られた非ゼロ要素の数を示します．**L2** を用いるとすべての 200 変数が非ゼロの値をとるのに対し，**L1** を用いると非ゼロ要素の数は 70 程度に減少することがわかります．なお，予測性能を犠牲にするならばより大きな正則化パラメータ λ の値を選ぶことで，より非ゼロ要素の数を減らすこともできます．**L1** と **Optimal** によって得られたはじめの 10 変数と真のパラメータとを比較すると，**L1** は係数間の大小関係も含めてほぼ理想的に推定できていることがわかります．ただし，もう少し詳細にみると，得られた係数は **L1** の方がやや絶対値が小さいことがわかります．これは ℓ_1 ノルムによる**推定バイアス**であり，ℓ_1 ノルムが非ゼロ要素の数だけでなく，係数の絶対値に比例することに起因します．2 つのヒューリスティック **Largest-k** と **2steps** はいくつかの正しい非ゼロ係数を捉えてはいるものの，無関係な変数にも反応しているため，誤差が大きくなっています．

3.4 文献に関する補遺

画像処理の分野で著名な Rudin ら [70] によると，ℓ_1 ノルム最小化の歴史はガリレオ (1632) やラプラス (1793) に遡るといいます．

理論的に ℓ_1 ノルム最小化を用いて信号と雑音の分離が可能であることを示したのは 1965 年の Logan の博士論文 [52] です．この論文の核心は「信号とそのフーリエ変換は同時にスパースになることはない」という発見で，後に Donoho と Stark によって不確定性原理として一般化されています [27]．ただし ℓ_1 ノルム最小化は雑音成分の推定（**メモ 3.2** を参照）に用いられ，スパースな信号の推定という視点はまだ生まれていません．

スパース信号の推定のための ℓ_1 ノルム最小化は，1980 年代までには地球物理学，電波天文学など，フーリエ変換と**分光法** (spectrometry) を用いた計測を行う分野で同時多発的に提案されてきました [54, 60, 71, 74]．

1990 年代に入ると統計学者の Donoho[17] や Tibshirani[78] によって整

理，体系化されます．また同時期に計算神経科学の分野で有名な Olshausen と Field によるスパースコーディングの研究 [61] があります．

2000 年代に入って，機械学習の分野で Girolami [35], Tipping [79], Palmer ら [62] によるベイズ理論を用いた研究, Mangasarian [55] および Zhu ら [89] によるサポートベクトルマシンへの適用などへ応用が広がり，Candès らによる圧縮センシングの理論 [10] や核磁気共鳴画像法 (MRI) への応用 [53] によって再びスパース性が注目されています．

観測値 $y_1, \ldots, y_n$ が与えられた際に，サンプル平均 $\hat{\mu} = \frac{1}{n}\sum_{i=1}^{n} y_i$ は，二乗損失の最小化

$$\hat{\mu} = \underset{\mu}{\operatorname{argmin}} \sum_{i=1}^{n} (y_i - \mu)^2$$

として理解することができます．それでは絶対値損失の最小化

$$\hat{\mu}' = \underset{\mu}{\operatorname{argmin}} \sum_{i=1}^{n} |y_i - \mu|$$

に対応する $y_1, \ldots, y_n$ の統計量は何でしょうか？　この答えは，劣微分を計算することにより，

$$\sum_{i:y_i<\hat{\mu}'} 1 + \sum_{i:y_i=\hat{\mu}'} \delta_i - \sum_{i:y_i>\hat{\mu}'} 1 = 0$$

(ただし，$-1 \leq \delta_i \leq 1$ とします) であるため，簡単のために n は奇数かつ，$y_1, \ldots, y_n$ は互いに異なると仮定すると，$\hat{\mu}'$ は $y_1, \ldots, y_n$ の**中央値**（median）に一致します．なぜなら，上の式で $\hat{\mu}'$ より小さいサンプルの数と大きいサンプルの数がつり合うことが劣微分がゼロという条件から導かれるからです．n が奇数でない場合，解は一意ではありませんが，中央値を含みます．

中央値は平均に比べて外れ値に対して頑健であることが知られており，外れ値を含むような回帰問題では二乗損失の代わりに絶対値損失を用いることがあります．絶対値損失を原点のまわりでなめらかに 2 次関数につなげてなめらかにしたものは **Huber 損失**と呼ばれ，ロバスト統計の分野で広く用いられています．

メモ 3.2 ℓ_1 ノルム最小化と中央値

Chapter 4

ノイズなしℓ_1ノルム最小化の理論

本章では ℓ_1 ノルムを最小化することにより，少数の観測から線形方程式を満たすスパースな解を求める問題を扱います．与えられた観測から真のスパースなベクトルを見つけることができる条件を幾何学的に考察し，さらにランダムに問題が与えられた場合にそのような条件が満たされる確率を計算する式を与えます．

4.1 問題設定

線形方程式は工学のあらゆる分野で現れます．観測変数の次元が未知数ベクトルの次元より少ない場合，方程式の解は一意ではありません．未知数ベクトルがスパースであることが期待できる場合は，方程式を満たすベクトルの中で最もスパースなものを解とするのが自然です．ただし，この方法は，すべての可能な非ゼロ要素の組み合わせをしらみ潰しに探す必要があり，現実的ではありません．そこで力を発揮するのが ℓ_1 ノルム最小化です．

線形逆問題として知られる $\boldsymbol{w}^* \in \mathbb{R}^d$ を未知のスパースな高次元ベクトルとして，線形な少数の観測

$$y_i = \boldsymbol{x}_i{}^\top \boldsymbol{w}^*, \quad i = 1, \ldots, n \tag{4.1}$$

からベクトル $\boldsymbol{w}^*$ を復元する問題を考えます．$\boldsymbol{w}^*$ がスパースであるという

仮定のもとで，ℓ_1 ノルム最小解が $\boldsymbol{w}^*$ と一致する条件を幾何的に明らかにし，次にランダムに問題が与えられたときにこの条件が満たされる確率を考察します．ここで，サンプル数 n は次元 d に比べて小さいとします．したがって，線形方程式 (4.1) だけから $\boldsymbol{w}^*$ を一意に決定することはできません．このようなとき，線形方程式 (4.1) は**劣決定** (underdetermined) であるといいます．このような問題は**逆問題** (inverse problem) と呼ばれ，さまざまな応用が知られています．例えば，脳電図 (electroencephalography, EEG) や脳磁図 (magnetoencephalography, MEG) の信号から脳活動を推定する問題は，このような線形方程式を用いて表すことができることが知られています．

真のベクトル $\boldsymbol{w}^*$ がスパースであるという仮定から，制約 (4.1) を満たす $\boldsymbol{w}$ の中で最も小さい ℓ_1 ノルムを持つ解を探すという最小化問題

$$\underset{\boldsymbol{w}\in\mathbb{R}^d}{\text{minimize}} \quad \|\boldsymbol{w}\|_1 \quad \text{subject to} \quad \boldsymbol{y} = \boldsymbol{X}\boldsymbol{w} \tag{4.2}$$

を考えることができます．ここで，$\boldsymbol{y} = (y_1, \ldots, y_n)^\top \in \mathbb{R}^n$ は観測値を並べたベクトルであり，$\boldsymbol{X} = [\boldsymbol{x}_1, \ldots, \boldsymbol{x}_n]^\top \in \mathbb{R}^{n\times d}$ は各行が観測モデル (4.1) におけるベクトル $\boldsymbol{x}_i$ の行列です．

この最小化問題は，より一般的な最小化問題

$$\underset{\boldsymbol{w}\in\mathbb{R}^d}{\text{minimize}} \quad \frac{1}{2n}\|\boldsymbol{y} - \boldsymbol{X}\boldsymbol{w}\|_2^2 + \lambda\|\boldsymbol{w}\|_1$$

の $\lambda \to 0$ の極限に等しいことを示すことができます（2.5 節を参照）．この最小化問題は観測 y_i とモデルの予測 ${\boldsymbol{x}_i}^\top\boldsymbol{w}$ の間に誤差を許すため，5 章で観測誤差がある状況でより詳しく扱います．

4.2 幾何学的考察

最小化問題 (4.2) を幾何学的に考察してみます *1．図 **4.1** に $d = 2$ 次元の場合の 3 通りの状況を示します．それぞれの図で黒丸は真のベクトル $\boldsymbol{w}^*$ を表します．(a)，(b) では真のベクトル $\boldsymbol{w}^*$ は $\boldsymbol{w}^* = (1, 0)^\top$ のスパースなベクトルですが，(c) では $\boldsymbol{w}^* = (0.5, 0.5)^\top$ であり，スパースではありません．

ピンク色の直線は最小化問題 (4.2) の等式制約を満たす $\boldsymbol{w}$ の集合

*1 この考察は Chandrasekaran ら [15] と Amelunxen ら [1] に基づきます．

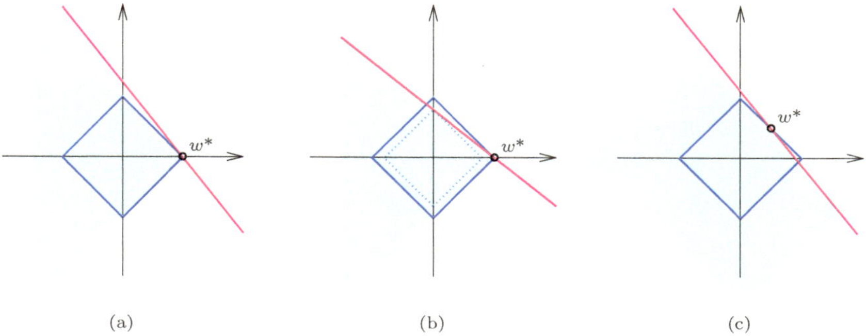

図 4.1 最小化逆問題 (4.2) の成功条件. (a) は真のスパースベクトル $\boldsymbol{w}^*$ がピンク色の直線 $N(\boldsymbol{w}^*)$ と水色領域 $D(\|\cdot\|_1; \boldsymbol{w}^*)$ の唯一の交点であるため，成功しますが，(b) と (c) はどちらも $\boldsymbol{w}^*$ 以外の交点を持つため，$\boldsymbol{w}^*$ は最小化逆問題 (4.2) の解ではありません.

集合 $C \subseteq \mathbb{R}^d$ が任意の $\boldsymbol{w} \in C$，非負の実数 α に関して $\alpha\boldsymbol{w}$ を含むとき，C を**錐** (cone) と呼びます．特に凸でかつ錐である集合を**凸錐** (convex cone) と呼びます (図 **4.2**).

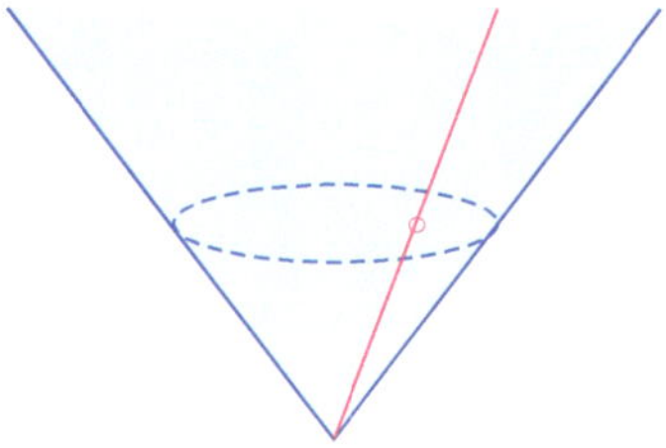

図 4.2 2 次錐の例 $C = \{\boldsymbol{w} \in \mathbb{R}^3 : w_3 \geq \sqrt{w_1^2 + w_2^2}\}$. アイスクリーム錐と呼ばれることもあります.

メモ 4.1 錐

$$N(\boldsymbol{w}^*) = \{\boldsymbol{w} \in \mathbb{R}^d : \boldsymbol{X}\boldsymbol{w} = \boldsymbol{X}\boldsymbol{w}^*\}$$

を示します．一方，水色の領域は真のベクトル $\boldsymbol{w}^*$ を中心として，ℓ_1 ノルムが減少する方向からなる錐

$$D(\|\cdot\|_1; \boldsymbol{w}^*) = \mathrm{cl}\left(\{\boldsymbol{w} \in \mathbb{R}^d : \exists\alpha > 0, \|\boldsymbol{w}^* + \alpha\boldsymbol{w}\|_1 \leq \|\boldsymbol{w}^*\|_1\}\right)$$

を ($\boldsymbol{w}^*$ に平行移動したものを) 表します．ただし，$\mathrm{cl}(\cdot)$ は集合の閉包を表し

ます．ここで，$D(\|\cdot\|_1; \boldsymbol{w}^*)$ を ℓ_1 ノルムの点 $\boldsymbol{w}^*$ における**降下錐** (descent cone) と呼びます（**メモ 4.1** を参照）．

図 4.1 の (a) と (b) を比較すると，どちらも $\boldsymbol{w}^* = (1, 0)^\top$ が真のスパースベクトルですが，(a) はピンク色の直線 $N(\boldsymbol{w}^*)$ が水色の領域 $D(\|\cdot\|_1; \boldsymbol{w}^*)$ と唯一 $\boldsymbol{w}^*$ で交わるのに対し，(b) は $\boldsymbol{w}^*$ を端点とする線分で水色領域の内部で交わることに注目してください．水色の領域の内部は ℓ_1 ノルムが真のスパースベクトル $\boldsymbol{w}^*$ よりも減少する方向なので，共通部分があるということは $\boldsymbol{w}^*$ が ℓ_1 ノルム最小化問題 (4.2) の解ではないことを意味します．

図 4.1 は，2 次元の場合の直感的な説明ですが，一般に真のスパースベクトル $\boldsymbol{w}^*$ が ℓ_1 ノルム最小化問題 (4.2) の唯一の解である必要十分条件は

$$N(\boldsymbol{w}^*) \cap (D(\|\cdot\|_1; \boldsymbol{w}^*) + \boldsymbol{w}^*) = \{\boldsymbol{w}^*\} \tag{4.3}$$

であることが Chandrasekaran ら [15] によって示されました．ここで，集合に対するベクトル $\boldsymbol{w}^*$ の足し算は集合を平行移動することを表します．

この条件を満たすためには，直感的には部分空間 $N(\boldsymbol{w}^*)$ および降下錐 $D(\|\cdot\|_1; \boldsymbol{w}^*)$ は小さければ小さいほどいいということがわかります．部分空間 $N(\boldsymbol{w}^*)$ の次元は $d - n$ なので，$N(\boldsymbol{w}^*)$ はサンプル数が増えるほど小さくなります．一方，降下錐 $D(\|\cdot\|_1; \boldsymbol{w}^*)$（図 4.1 の水色領域）は真のスパースベクトル $\boldsymbol{w}^*$ がスパースであればあるほど小さくなります．例えば図 (c) のように $\boldsymbol{w}^*$ がスパースでない場合は，$D(\|\cdot\|_1; \boldsymbol{w}^*)$ は半平面となり，$N(\boldsymbol{w}^*)$ と $D(\|\cdot\|_1; \boldsymbol{w}^*)$ は $n \geq d$ でない限り，必ず $\boldsymbol{w}^*$ 以外の共通部分を持つことになります．

4.3 ランダムな問題に対する性能

行列 $\boldsymbol{X}$ の要素がある分布からランダムに得られているという仮定のもとで，条件 (4.3) が成立する確率を計算するのは**積分幾何学** (integral geometry) の問題ですが，この問題は Amelunxen ら [1] によって，非常に鋭い結果が得られています．

彼らの結果を紹介するにはまず，集合 C の**統計的次元** (statistical dimension) を

表 4.1 代表的な凸錐の統計的次元．$\dim(S)$ は線型部分空間 S の次元を表します．最後の行で，ℓ_∞（無限大）ノルムは $\|\boldsymbol{w}\|_\infty = \max_j |w_j|$ と定義します．s はベクトル $\boldsymbol{w}$ の要素のうち $|w_j| = \max_j |w_j|$ を満たす要素の個数を表します．

錐	記号	統計的次元
線形部分空間	$S \subseteq \mathbb{R}^d$	$\dim(S)$
半空間	$\{\boldsymbol{w} \in \mathbb{R}^d : w_d \geq 0\}$	$d - \frac{1}{2}$
非負ベクトルの集合	$\{\boldsymbol{w} \in \mathbb{R}^d : \forall j, w_j \geq 0\}$	$\frac{1}{2}d$
2 次錐	$\{(\boldsymbol{w}, \tau) \in \mathbb{R}^{d+1} : \tau \geq \|\boldsymbol{w}\|_2\}$	$\frac{1}{2}(d+1)$
半正定行列の集合	$\{\boldsymbol{W} \in \mathbb{R}^{d' \times d'} : \boldsymbol{W} = \boldsymbol{W}^\top,\ \boldsymbol{W} \succeq 0\}$	$\frac{1}{4}d'(d'+1)$
点 $\boldsymbol{w} \in \mathbb{R}^d$ における ℓ_∞ ノルム降下錐	$D(\|\cdot\|_\infty; \boldsymbol{w})$	$d - \frac{1}{2}s$

$$\delta(C) = \mathbb{E}_{\boldsymbol{g} \sim \mathcal{N}(0, \boldsymbol{I}_d)} \left[\|\Pi_C(\boldsymbol{g})\|_2^2 \right] \tag{4.4}$$

のように定義します．ここで，$\boldsymbol{g}$ は d 次元の独立同一標準正規分布に従うベクトルで，$\Pi_C(\boldsymbol{g})$ は集合 C への $\boldsymbol{g}$ の射影

$$\Pi_C(\boldsymbol{g}) = \underset{\boldsymbol{x} \in C}{\operatorname{argmin}} \|\boldsymbol{x} - \boldsymbol{g}\|_2$$

を表します．定義 (4.4) は任意の閉凸集合に対して有効ですが，ここでは特に C を錐であると仮定します．C が d 次元ユークリッド空間の k 次元部分空間のとき，$\Pi_C(\boldsymbol{g})$ は k 次元の独立な正規分布 $\mathcal{N}(0, \boldsymbol{I}_k)$ に従うため，統計的次元は k であり，C の次元に一致します．統計的次元はこれを部分空間とは限らない一般の凸錐に拡張したもので，錐の大きさを特徴付ける量だといえます．**表 4.1** に代表的な凸錐の統計的次元を示します．

Amelunxen らの結果は真のスパースベクトル $\boldsymbol{w}^*$ における ℓ_1 ノルム降下錐 $D(\|\cdot\|_1; \boldsymbol{w}^*)$ の統計的次元をサンプル数 n に直接結びつけるもので，以下のように与えることができます．

定理 4.1

行列 $\boldsymbol{X}$ の要素は独立同一に標準正規分布 $\mathcal{N}(0,1)$ から得られたと仮定します．このとき，任意の $\eta \in (0,1)$ に対して，それぞれ少なくとも確率 $1-\eta$ で以下が成立します．

$n \geq \delta(D(\|\cdot\|_1; \boldsymbol{w}^*)) + a_\eta \sqrt{d}$ ならば最小化問題 (4.2) の解は $\boldsymbol{w}^*$ に一致します

$n \leq \delta(D(\|\cdot\|_1; \boldsymbol{w}^*)) - a_\eta \sqrt{d}$ ならば最小化問題 (4.2) の解は $\boldsymbol{w}^*$ に一致しません

ただし，$a_\eta = 4\sqrt{\log(4/\eta)}$ と定義しました．

定理 4.1 は降下錐 $D(\|\cdot\|_1; \boldsymbol{w}^*)$ の統計的次元 $\delta(D(\|\cdot\|_1; \boldsymbol{w}^*))$ が最小化問題 (4.2) が成功するための必要十分なサンプル数に対応していることを示しています．

図 4.1 に戻って，(a)，(b) の場合と (c) の場合の降下錐の統計的次元を考えてみましょう．2 次元の場合，ℓ_1 ノルムが一定以下という集合と ℓ_∞ ノルムが一定以下という集合はどちらも正方形の領域で，45 度回転することで一致する（メモ 2.4 を参照）ので，表 4.1 の最後の行を使うことができます．すなわち，正方形の頂点に真のスパースベクトルが位置する (a)，(b) の場合は $s=2$ であり，統計的次元は 1，正方形の辺に真のスパースベクトルが位置する (c) の場合は $s=1$ であり，統計的次元は 1.5 になります．サンプル数は自然数しかとることができないので，(c) の場合には少なくとも次元 d に等しい $n=2$ のサンプルが必要であり，部分空間 $N(\boldsymbol{w}^*)$ の次元は 0 でなくてはならないことがわかります．一方，(a)，(b) の場合にはサンプル数が統計的次元と等しい $n=1$ がちょうど定理 4.1 の閾値です．実際に図 4.1 からピンク色で示す部分空間 $N(\boldsymbol{w}^*)$ がランダムな方向を向いている場合，成功と失敗の確率が等しいことを見ることができます．

図 4.3 に独立同一に標準正規分布 $\mathcal{N}(0,1)$ から生成した係数行列 $\boldsymbol{X}$ に対する最小化問題 (4.2) の成功確率を，非ゼロ要素の数 k とサンプル数 n に対してプロットします．プロットの中では 100 回の反復における成功確率を黒

(0%) から白 (100%) の濃淡で表します．またピンク色の曲線で非ゼロ要素の数 k に対応する統計的次元 $\delta(D(\|\cdot\|_1;\boldsymbol{w}^*))$ を示します．ここで ℓ_1 ノルム降下錐の統計的次元は非ゼロ要素の数 k，次元 d のみに依存し，

$$\alpha(k/d)-\frac{2}{\sqrt{kd}}\le\frac{\delta(D(\|\cdot\|_1;\boldsymbol{w}^*))}{d}\le\alpha(k/d)$$

のように評価することができます (Amelunxen ら [1], Proposition 4.7)．ただし，

$$\alpha(\rho)=\rho+2(1-\rho)\Phi(-\tau)$$

とし，τ は方程式

$$\frac{\rho}{1-\rho}=2\left(\frac{\phi(\tau)}{\tau}-\Phi(-\tau)\right)$$

を満たすとします [1,23,44]．ここで，$\phi(\tau)=\exp(-\tau^2/2)/\sqrt{2\pi}$，$\Phi(\tau)=\int_{-\infty}^{\tau}\phi(x)\mathrm{d}x$ は，それぞれ標準正規分布の密度関数と分布関数です．

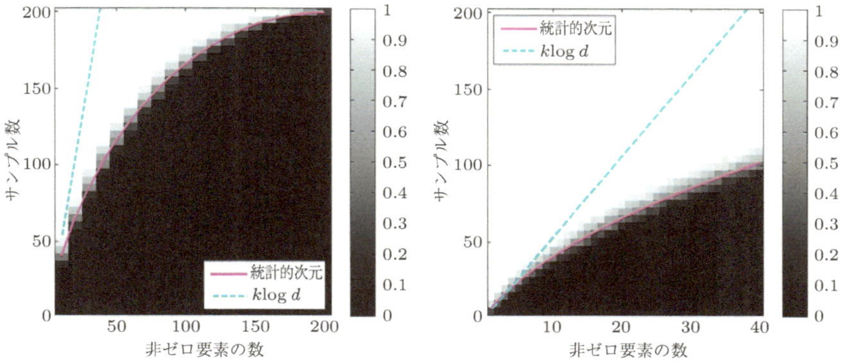

図 4.3 ランダムに与えられた問題に対する最小化問題 (4.2) の成功確率．係数行列 $\boldsymbol{X}$ の各要素は独立同一に正規分布 $\mathcal{N}(0,1)$ から生成されたとします．100 回の試行をもとにして，黒 (0 %) から白 (100%) の濃淡値で最小化問題 (4.2) の解が真のスパースベクトル $\boldsymbol{w}^*$ に一致する確率を示します．ピンク色の曲線は理論的に計算された統計的次元 $\delta(D(\|\cdot\|_1;\boldsymbol{w}^*))$ を示します．水色の破線は 5 章で導出するサンプル数 $n=k\log(d)$ を表します．右の図は左の図の原点付近の拡大を表します．

図 4.3 から，成功確率は比較的狭いサンプル数の領域で 0%から 100%に変化すること，さらに，その領域におけるサンプル数が統計的次元 $\delta(D(\|\cdot\|_1; \boldsymbol{w}^*))$ とよく対応していることがわかります．図 4.3 には水色の破線で $\log(d)$ を傾きとする直線 $n = k\log(d)$ を加えてあります．このサンプル数が ℓ_1 ノルム最小化が成功するための十分条件を与えることがわかります．特に，非ゼロ要素の数 k が少ない領域では統計的次元を表すピンク色の曲線にほぼ接しています．なぜこのようなことがいえるのかは 5 章で詳しく説明します．

4.4 文献に関する補遺

図 4.3 に示すように，あるサンプル数を境にして成功確率が急峻に 0%から 100%に変化する現象は相転移と呼ばれています．ℓ_1 ノルム最小化に基づくスパースベクトルの復元に関してこのような現象に最初に注目したのは Donoho と Tanner による研究 [24, 25, 26] で，計算幾何学的な手法を用いて定理 4.1 の十分性を漸近的に示しています．また，Donoho ら [23] および Kabashima ら [44] は統計力学的な手法を用いて同様な結果を得ています．

図 4.3 から見てとることができるように，上のような結果は観測ノイズがなく，係数行列 $\boldsymbol{X}$ の要素が独立同一に正規分布に従う設定でのほぼ厳密に近い結果であり，統計的次元という ℓ_1 ノルム最小化の成否を分ける鍵になる量を特定したという点で優れています．ℓ_1 ノルム以外の正則化に関しても降下錐の統計的次元が計算できればただちに拡張が可能です．実際，Amelunxen ら [1] はトレースノルム（8 章を参照）降下錐の統計的次元を計算しています．

ℓ_1 ノルムに関しては，歴史的には**制限等長性**（restricted isometry property）（**メモ 4.2** を参照）という性質に基づいた Candès の結果 [12] の方が先に知られています．制限等長性に基づく議論では，係数行列が制限等長性という性質を満たせば ℓ_1 ノルム最小化によって得られる解が真のスパースベクトル $\boldsymbol{w}^*$ に一致することが保証されます．一般に係数行列が制限等長性を満たすかどうかを確認することは計算量の面で困難であるものの，係数行列を独立同一な正規分布などの特定の確率分布からサンプルしたときに高い確率でこの性質を満たすことを保証することができます [5]．このように，「どのような性質が満たされれば望みの結果が得られるのか」ということと「ど

$n \times d$ 行列 $\boldsymbol{X}$ が，任意の k スパースなベクトル $\boldsymbol{w}$ に関して，

$$(1-\delta_k)\|\boldsymbol{w}\|_2^2 \leq \frac{1}{n}\|\boldsymbol{X}\boldsymbol{w}\|_2^2 \leq (1+\delta_k)\|\boldsymbol{w}\|_2^2$$

を満たす定数 δ_k（ただし $\delta_k < 1$）が存在するとき，$\boldsymbol{X}$ は k 制限等長性を満たすといいます．この性質はしばしば restricted isometry property の頭文字をとって **RIP** と呼ばれます．

メモ 4.2 制限等長性

のような条件でこのような性質が（高い確率で）満たされるのか」ということを分離して考えることが，多くの場合非常に有効です．具体的には，係数行列 $\boldsymbol{X}$ の要素に対して正規分布ではなく，他の分布を仮定した方が適切な場合，独立性を仮定しないほうがよい場合などを考える際にも制限等長性に基づく議論は有効であり，制限等長性が成り立つ条件をそれぞれの場合に明らかにすればよいからです．なお，制限等長性のトレースノルムへの拡張も Recht らによって行われています [66]．

Chapter 5

ノイズありℓ_1ノルム最小化の理論

4章では，観測雑音のない場合に低次元の観測から高次元のスパースなベクトルを復元することが可能な条件を調べました．本章では，雑音を含む線形観測からスパースなベクトルを復元する問題を考え，ℓ_1 ノルム正則化に基づく推定量の性能を解析します．4章との違いは観測雑音を考慮する点と，真のベクトルが厳密にスパースでない場合にも対応している点です．解析を通じてなぜ高次元の場合（$n \ll d$）に ℓ_1 ノルムが有効なのかを明らかにしていきます．

5.1 問題設定

雑音を含む線形観測

$$y_i = \boldsymbol{x}_i{}^\top \boldsymbol{w}^* + \xi_i, \quad i = 1, \ldots, n \tag{5.1}$$

から未知の高次元ベクトル $\boldsymbol{w}^*$ を推定する問題を考えます．ここで ξ_i は雑音項で平均 0，分散が σ^2 で独立であると仮定します．また，4章と同様にサンプル数 n は次元 d に比べて小さいと仮定します．

ℓ_1 ノルム正則化に基づく回帰係数ベクトル $\boldsymbol{w}^*$ の推定は最小化問題として

$$\underset{\boldsymbol{w} \in \mathbb{R}^d}{\text{minimize}} \quad \frac{1}{2n}\|\boldsymbol{y} - \boldsymbol{X}\boldsymbol{w}\|_2^2 + \lambda_n \|\boldsymbol{w}\|_1 \tag{5.2}$$

のように書くことができます．この問題は**Lasso**[78] あるいは**基底追跡雑音除去** (basis pursuit denoising) [17] として知られています．ここで，正則化パラメータをサンプル数 n に応じて選ぶ必要があることを明らかにするために，λ_n に下付きの n を加えています．

ここで，4 章の解析との違いは以下の 3 点です．

1. 観測モデル (5.1) が雑音項 ξ_i を含むこと
2. 凸最適化問題の解 $\hat{\boldsymbol{w}}$ が真の回帰係数ベクトル $\boldsymbol{w}^*$ にぴったりと一致する確率ではなく，二乗誤差 $\|\hat{\boldsymbol{w}} - \boldsymbol{w}^*\|_2^2$ を定量的に評価する点
3. 回帰係数ベクトル $\boldsymbol{w}^*$ が厳密にスパースであるとは仮定しない点

観測雑音 ξ_i に関しては正規分布に従うと仮定しますが，容易に劣ガウス雑音（例えば一定区間上の一様分布）に拡張することができます．観測が雑音を含むため，推定量 $\hat{\boldsymbol{w}}$ が真の回帰係数ベクトル $\boldsymbol{w}^*$ にぴったりと一致することはありませんが，サンプル数 n が増えるとともに誤差がどのように小さくなるのかを非漸近的に解析します．

最後に，本章では $\boldsymbol{w}^*$ が厳密にスパースでない場合に対応するため，誤差の上界は推定誤差項と近似誤差項の和として任意の k に関して

$$\|\hat{\boldsymbol{w}} - \boldsymbol{w}^*\|_2^2 \leq E_{\text{est}}(n, d, k) + E_{\text{approx}}(\|\boldsymbol{w}^*_{S_k^\perp}\|_1)$$

のように評価されます．ここで真の回帰係数ベクトル $\boldsymbol{w}^*$ の絶対値の上位 k 個の係数のみからなるベクトルを $\boldsymbol{w}^*_{S_k}$ とし，残りの係数からなるベクトルを $\boldsymbol{w}^*_{S_k^\perp} = \boldsymbol{w}^* - \boldsymbol{w}^*_{S_k}$ と定義しました．推定誤差項 E_{est} は k の増加関数であり，近似誤差項 E_{approx} は上の定義より k の減少関数です．

本章の解析は 4 章に比べると多くの定数が現れかなり荒い印象を受けるかもしれません．それでも推定誤差項 E_{est} は不用な項を無視して

$$E_{\text{est}}(n, d, k) \propto \frac{k \log(d)}{n}$$

のように評価できることは注目に値します．推定誤差項の分子に現れる量は一定の誤差を得るのに必要なサンプル数の目安を与えます．例えば真の回帰係数ベクトル $\boldsymbol{w}^*$ の次元 d が非常に大きくとも，k が小さい限り，たかだか次元の対数のオーダーのサンプル数があればよいことがわかります．また，仮

にどの係数がゼロでないかをあらかじめ知っていたとしても推定誤差を k/n よりも小さくすることはできないため，以下の解析で得られる結果は，この場合と比較しても次元 d の対数の程度しか悪くないといえます．

5.2 ランダムな問題に対する性能

ベクトル $\boldsymbol{w}$ がたかだか k 個の非ゼロ要素を持つことを，ベクトル $\boldsymbol{w}$ は「k スパースである」と表現することにします．このとき以下の定理が成立します．

定理 5.1

行列 $\boldsymbol{X}$ の各要素は独立同一に標準正規分布 $\mathcal{N}(0,1)$ に従うとします．このとき，定数 $c_0, c_1, c_2, c_3, c_4, c_5$ が存在して，任意の自然数 k，正の数 α に対して，$n \geq c_0 k \log(d)$ であれば，$\lambda_n = c_1\sigma\sqrt{(1+\alpha)\log(d)/n}$ に対する凸最適化問題 (5.2) の解 $\hat{\boldsymbol{w}}$ は少なくとも確率 $1 - d^{-\alpha} - c_2\exp(-c_3 n)$ で，

$$\|\hat{\boldsymbol{w}} - \boldsymbol{w}^*\|_2^2 \leq \max\Biggl(c_4(1+\alpha)\frac{\sigma^2 k\log(d)}{n} + c_5\sigma\sqrt{\frac{(1+\alpha)\log(d)}{n}}\|\boldsymbol{w}^*_{S_k^\perp}\|_1, \frac{c_0\log(d)}{n}\|\boldsymbol{w}^*_{S_k^\perp}\|_1^2\Biggr) \tag{5.3}$$

を満たします．ただし $\alpha > 0$ は任意の正の定数です．

特に，真の回帰係数ベクトル $\boldsymbol{w}^*$ が k スパースであれば，不等式 (5.3) の右辺第 2 項（近似誤差項）および第 3 項が消えて

$$\|\hat{\boldsymbol{w}} - \boldsymbol{w}^*\|_2^2 \leq c_4(1+\alpha)\frac{\sigma^2 k\log(d)}{n}$$

を得ます．

定理 5.1 ではサンプル数 n に関する条件と正則化パラメータ λ_n に関する条件が現れることに注目してください．

サンプル数 n に関する条件は非ゼロ要素の数 k に比例し，次元 d には対数でしか依存しないことに注意してください．これは次元 d が指数関数的に増加しても必要なサンプルの数は多項式でしか増えないことを意味します．

真の回帰係数ベクトル $\boldsymbol{w}^*$ が k スパースな場合，サンプル数 n に関する条件は k に依存するものの，雑音項の分散 σ^2 に依存しません．分散 σ^2 がゼロに近づく極限を考えてみると，4 章で考えた雑音を含まない線形観測から信号 $\boldsymbol{w}^*$ を復元する問題と一致します．したがって，定理 4.1 より，$\boldsymbol{w}^*$ を厳密に推定するには真の回帰係数ベクトル $\boldsymbol{w}^*$ における ℓ_1 ノルム降下錐の統計的次元 $\delta(\tilde{D}(\boldsymbol{w}^*))$ だけのサンプル数が必要です．$k\log(d)$ は図 4.3 に示したように k が小さい領域では，この統計的次元のよい近似を与えます．

一方，正則化パラメータ λ_n に関する条件は，雑音項の分散 σ^2 に依存しますが，真の回帰係数ベクトル $\boldsymbol{w}^*$ がスパースであっても，その非ゼロ要素の数 k に依存しません．これは正則化パラメータ λ_n を選択する際に，真の回帰係数ベクトル $\boldsymbol{w}^*$ に関する事前知識が不要であることを意味するため，応用上の利点といえます．

次に，不等式 (5.3) は確率的に成立する（いつも成立するとは限らない）ことに注意してください．ただし，不等式 (5.3) が成立しない確率は次元 d，サンプル数 n が大きくなるとともに，急速にゼロに近づきます．また，α は任意であり，α を大きくするほど，定理が成立しない確率は小さくなるものの，不等式 (5.3) の右辺は大きくなります．

不等式 (5.3) の右辺第 1 項は推定誤差項であり，n が増加するとともに $1/n$ の速さでゼロに近づきます．一方，右辺第 2 項の近似誤差項はより遅い $\sqrt{1/n}$ の速さでゼロに近づきます．したがって，k を固定したもとでは右辺は最初に $1/n$ で，その後 $\sqrt{1/n}$ の速さで小さくなります．もちろん自然数 k は任意なので，2 つの項のトレードオフをはかるように k を選ぶことで，以下の系のようにより厳密な評価を得ます．

系 5.1

定数 $0 < q < 1$ に関して，真の回帰係数ベクトル $\boldsymbol{w}^*$ の ℓ_q 擬ノルムを

$$R_q = \sum_{j=1}^{d} |w_j^*|^q$$

とおきます．このとき，定理 5.1 で k を閾値 $\eta = q/(1-q)\sigma\sqrt{(1+\alpha)\log(d)/n}$ より絶対値の大きい係数 w_j^* の数とすることにより，不等式

$$\begin{aligned}\|\hat{\boldsymbol{w}} - \boldsymbol{w}^*\|_2^2 \le & c_6 \left\{(1+\alpha)\frac{\sigma^2 \log(d)}{n}\right\}^{1-\frac{q}{2}} \cdot R_q \\ & + c_7\left(\sigma^2(1+\alpha)\right)^{1-q}\left(\frac{\log(d)}{n}\right)^{2-q} \cdot R_q^2\end{aligned}$$

が成立します．ここで c_6, c_7 は q に依存する定数です．

系 5.1 では，パラメータ q が非ゼロ要素の個数 $(q = 0)$ と ℓ_1 ノルム $(q = 1)$ を内挿する役割を演じていることに注意してください．つまり，$q \to 0$ のとき，閾値 η はゼロとなり，k は $\boldsymbol{w}^*$ の非ゼロ要素の個数に等しくなります．$\boldsymbol{w}^*$ の多くの係数が非常に小さいもののゼロでない場合には，この評価は不利になります．一方，$q \to 1$ のとき，閾値 η は無限大となり，k はゼロ，したがって不等式 (5.3) の右辺は $1/\sqrt{n}$ の速さでしか減少しないものの，$\boldsymbol{w}^*$ の絶対値の小さい要素にはあまり影響されなくなります．また，最適な閾値 η がサンプル数 n の減少関数であることに注目してください．これは，サンプル数が多くなればなるほど，真の回帰係数ベクトル $\boldsymbol{w}^*$ のより絶対値の小さい係数を推定できることを意味しています．

5.3　準備

まず，定理を証明するために必要な道具をいくつか用意します．これらの道具にすでに親しんでいる読者は本節を読み飛ばしてもかまいません．

補題 5.1 (ヘルダーの不等式 (Hölder's inequality))

ℓ_p ノルムを

$$\|\boldsymbol{x}\|_p = \begin{cases} \left(\sum_{j=1}^{d} |x_j|^p\right)^{1/p}, & p < \infty \text{ の場合} \\ \max_j |x_j|, & p = \infty \text{ の場合} \end{cases}$$

と定義します．任意のベクトル $\boldsymbol{x}, \boldsymbol{w} \in \mathbb{R}^d$ に関して，$1/p+1/q=1$ となる正の定数の組 p, q に関する ℓ_p ノルムと ℓ_q ノルムの間には関係

$$\sum_{j=1}^{d} x_j w_j \leq \|\boldsymbol{x}\|_p \cdot \|\boldsymbol{w}\|_q$$

が成立します．

証明．

はじめに $p, q < \infty$ の場合を考えます．$1/p+1/q=1$ より，任意の非負変数 $a, b \geq 0$ に関して $ab \leq a^p/p + b^q/q$ が成立するため（**メモ 5.2** を参照），任意の $\boldsymbol{x}, \boldsymbol{w} \in \mathbb{R}^d$ に関して，

$$\sum_{j=1}^{d} x_j w_j \leq \sum_{j=1}^{d} |x_j| \cdot |w_j| \leq \frac{1}{p} \sum_{j=1}^{d} |x_j|^p + \frac{1}{q} \sum_{j=1}^{d} |w_j|^q$$

を得ます．ここで，$\tilde{x}_j = x_j / \|\boldsymbol{x}\|_p$，$\tilde{w}_j = w_j / \|\boldsymbol{w}\|_q$ に対して上の不等式を用いることで，

$$\frac{\sum_{j=1}^{d} x_j w_j}{\|\boldsymbol{x}\|_p \|\boldsymbol{w}\|_q} = \sum_{j=1}^{d} \tilde{x}_j \tilde{w}_j \leq \frac{1}{p} \sum_{j=1}^{d} |\tilde{x}_j|^p + \frac{1}{q} \sum_{j=1}^{d} |\tilde{w}_j|^q = 1$$

であり，目的の不等式を得ることができます．

次に $p = \infty$ の場合を考えます．不等式

$$\sum_{j=1}^{d} x_j w_j \leq \sum_{j=1}^{d} |x_j| \cdot |w_j| \leq \max_j |x_j| \cdot \sum_{j=1}^{d} |w_j|$$

任意のノルム $\|\cdot\|$ に関して，関数 $\|\cdot\|_* : \mathbb{R}^d \to \mathbb{R}$ を

$$\|\boldsymbol{w}\|_* = \sup_{\boldsymbol{x}\in\mathbb{R}^d} \boldsymbol{x}^\top \boldsymbol{w} \quad \text{subject to} \quad \|\boldsymbol{x}\| \leq 1$$

と定義すると，$\|\cdot\|_*$ はノルムであり，$\|\cdot\|$ の**双対ノルム**（dual norm）と呼びます．

補題 5.1 から任意の $\|\boldsymbol{x}\|_p \leq 1$ に対して，

$$\|\boldsymbol{w}\|_q \geq \boldsymbol{x}^\top \boldsymbol{w}$$

であり，$x_j = \mathrm{sign}(w_j)|w_j|^{q/p}/(\sum_{j=1}^d |w_j|^q)^{1/p}$ ととることにより，等号が成立するため，ℓ_q ノルムは ℓ_p ノルムの双対ノルムです．また，対称性から逆も成り立つため，ℓ_p ノルムと ℓ_q ノルムは互いに双対であるといいます．ただし $1/p + 1/q = 1$ です．

一般に，任意のノルムと双対ノルムの間にヘルダーの不等式を一般化した

$$\boldsymbol{x}^\top \boldsymbol{w} \leq \|\boldsymbol{x}\| \cdot \|\boldsymbol{w}\|_*$$

が成り立ちます．

メモ 5.1 双対ノルム

メモ 2.2 で不等式

$$f(\alpha\boldsymbol{x} + (1-\alpha)\boldsymbol{y}) \leq \alpha f(\boldsymbol{x}) + (1-\alpha) f(\boldsymbol{y})$$

を凸関数の定義として用いましたが，この不等式は**イェンセンの不等式**（Jensen's inequality）として知られています．この不等式を特定の凸関数に関して適用することで多くの有用な不等式が得られます．

例えば，補題 5.1 の証明で用いた不等式

$$ab \leq \frac{a^p}{p} + \frac{b^q}{q}$$

は関数 $f(x) = e^x$，$\alpha = 1/p$ に関してイェンセンの不等式を適用することにより，

$$\frac{a^p}{p} + \frac{b^q}{q} = \frac{1}{p}e^{p\log(a)} + \frac{1}{q}e^{q\log(b)} \geq e^{\log(a)+\log(b)} = ab$$

のように示すことができます．

メモ 5.2 イェンセンの不等式

より目的の不等式を得ることができます．$q = \infty$ の場合も同様です． □

ヘルダーの不等式の特別な場合は $p = q = 2$ の場合であり，**コーシー・**

シュワルツの不等式(Cauchy-Schwarz inequality)と呼ばれます．コーシー・シュワルツの不等式とそのさまざまな拡張に関しては *The Cauchy-Schwarz Master Class*[77] が詳しいです．

一般に，2 つのノルムの間に補題 5.1 の ℓ_p ノルムと ℓ_q ノルムのような関係が成り立つとき，2 つのノルムは互いに双対であるといいます（**メモ 5.1** を参照）．例えば $1/p + 1/q = 1$ のとき，ℓ_p ノルムは ℓ_q ノルムの双対ノルムです．また，ℓ_2 ノルムは自分自身が双対ノルムです．

補題 5.2 （スパースベクトルの ℓ_1 ノルム）

任意の k スパースベクトル $\boldsymbol{w}$ に関して，不等式

$$\|\boldsymbol{w}\|_1 \leq \sqrt{k}\|\boldsymbol{w}\|_2$$

が成立します．

証明.

一般性を失うことなく，$\boldsymbol{w}$ の最初の k 変数が非ゼロであると仮定します．このときコーシー・シュワルツの不等式を用いることにより

$$\|\boldsymbol{w}\|_1 = \sum_{j=1}^{k} 1 \cdot |w_j| \leq \sqrt{k}\sqrt{\sum_{j=1}^{k} |w_j|^2}$$

を得ます． □

より一般には，有限次元ベクトル空間のノルムは，どのノルムも互いに上界や下界の関係が成立することが知られています（**メモ 5.3** を参照）．

補題 5.3 （正規分布の裾確率）

確率変数 x が平均 0，分散 1 の標準正規分布に従うとき，

$$\Pr(|x| \geq t) \leq \frac{\exp(-t^2/2)}{t}$$

が成立します．

一般に，有限次元ベクトル空間上に定義されたどんな 2 つのノルム $\|\cdot\|$ と $\|\cdot\|'$ でも，関係

$$C_1\|\boldsymbol{w}\|' \leq \|\boldsymbol{w}\| \leq C_2\|\boldsymbol{w}\|'$$

が成立するような $C_1, C_2 > 0$ が存在します．この事実は**ノルムの互換性**（compatibility）と呼ばれ，有限次元ではどのノルムも一定の幅を許せば，他のノルムと等価であるということができます．このことは，一見，正則化項として ℓ_1 ノルムを用いようが，ℓ_2 ノルムを用いようが，構わないことを意味しているように思えるかもしれません．しかし，C_1，C_2 が次元に依存することに注意する必要があります．$k \ll d$ ならば補題 5.2 の ℓ_1 ノルム評価は任意のベクトルに関して一般的に成立する $\|\boldsymbol{w}\|_1 \leq \sqrt{d}\|\boldsymbol{w}\|_2$ よりもずっと厳密であるといえます．

また，ℓ_∞ ノルムと ℓ_2 ノルムの間には定数 1 で $\|\boldsymbol{w}\|_\infty \leq \|\boldsymbol{w}\|_2$ の関係が一般に成立します．ただし，この関係は一般にかなり緩いので注意する必要があります．例えば補題 5.4 から多次元ガウスベクトルの ℓ_∞ ノルムの期待値は $O(\sqrt{\log(d)})$ ですが，多次元ガウスベクトルの ℓ_2 ノルムの期待値は $O(\sqrt{d})$ です．

メモ 5.3 ノルムの互換性

証明.

$$\begin{aligned}
\Pr(|x| \geq t) &= 2\int_t^\infty \frac{1}{\sqrt{2\pi}} \exp\left(-\frac{x^2}{2}\right) \mathrm{d}x \\
&\leq \sqrt{\frac{2}{\pi}} \int_t^\infty \frac{x}{t} \exp\left(-\frac{x^2}{2}\right) \mathrm{d}x \\
&= \sqrt{\frac{2}{\pi}} \left[\frac{-\exp\left(-x^2/2\right)}{t}\right]_t^\infty \\
&\leq \frac{\exp(-t^2/2)}{t}
\end{aligned}$$

を，定義から得ます．ただし，2 行目では積分範囲で $x/t \geq 1$ であること，4 行目では $\sqrt{2/\pi} \leq 1$ を用いました． □

補題 5.4（多次元ガウスベクトルの ℓ_∞ ノルム）

$\boldsymbol{x} \in \mathbb{R}^d$ を各要素が独立同一に正規分布 $\mathcal{N}(0, \sigma^2)$ に従うベクトルとします．このとき任意の $\alpha > 0$ に関して，不等式

$$\max_j |x_j| \leq \sigma\sqrt{2(1+\alpha)\log(d)}$$

が少なくとも確率 $1 - d^{-\alpha}$ で成立します．

証明.

$j=1,\ldots,d$ に関して $|x_j|$ の最大値が t を超えるという事象は $|x_j|$ のどれか 1 つが t を超えるという事象に等しいので，

$$\Pr\left(\max_j |x_j| \geq t\right) = \Pr\left(\cup_{j=1}^n \{|x_j| \geq t\}\right)$$

を得ます．和事象の確率は事象の確率の和を超えることはないので，補題5.3を用いて

$$\Pr\left(\max_j |x_j| \geq t\right) \leq \sum_{j=1}^d \Pr\left(|x_j| \geq t\right) \leq \frac{d\sigma \exp(-t^2/2\sigma^2)}{t}$$

を得ます（**メモ 5.4** を参照）．最後に，$t = \sigma\sqrt{2(1+\alpha)\log(d)}$ ととることにより，右辺を $1/d^\alpha$ で抑えることができ，目的の不等式を得ます． □

確率論において事象 $A_1, A_2, A_3, \ldots$ の和事象の確率が事象の確率の和で

$$\Pr\left(\cup_i A_i\right) \leq \sum_i \Pr(A_i)$$

のように上から抑えられることは**ブールの不等式**（Boole's inequality）あるいは**ユニオンバウンド**（union bound）として知られています．この不等式は学習理論で最も頻繁に使われる不等式の 1 つです．

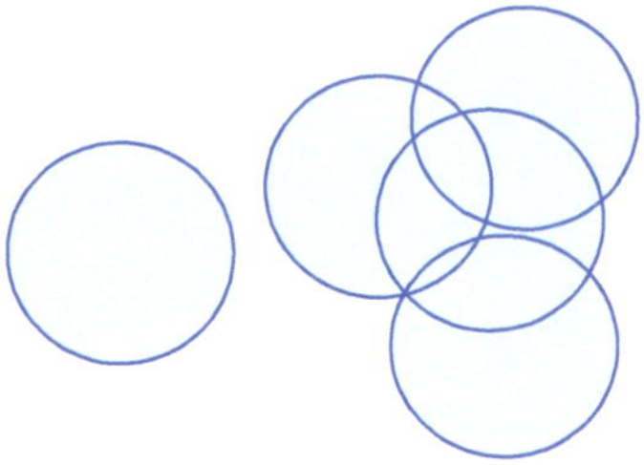

図 5.1 ブールの不等式のイメージ．和事象の確率は水色に塗られた領域全体の面積に対応します．この面積はそれぞれの円の面積の和より大きくなりません．

メモ 5.4 ブールの不等式

補題 5.5（カイ二乗分布の裾確率）

確率変数 $x_1, \ldots, x_n$ が独立に同一の標準正規分布に従うとき，確率変数 $\sum_{i=1}^n x_i^2$ の従う分布を**カイ二乗分布**（chi-squared distribution）といいます．このとき，任意の $K \geq 1$ に対して

$$\Pr\left(\sum_{i=1}^n x_i^2 \geq Kn\right) \leq \left(\frac{e^{K-1}}{K}\right)^{-n/2}$$

が成立します．

証明.

求めたい不等式の左辺の確率は，不等式の両辺を $t(>0)$ 倍して指数関数に入れても不変なので，

$$\begin{aligned}\Pr\left(\sum_{i=1}^n x_i^2 \geq Kn\right) &= \Pr\left(e^{t\sum_{i=1}^n x_i^2} \geq e^{tKn}\right) \\ &\leq e^{-tKn}\mathbb{E}\left[e^{t\sum_{i=1}^n x_i^2}\right]\end{aligned}$$

ここで，2 行目ではマルコフの不等式を用いました（**メモ 5.5** を参照）．さらに，$x_1, \ldots, x_n$ が独立であることを用いると，積の期待値が期待値の積に等しいため，

$$\Pr\left(\sum_{i=1}^n x_i^2 \geq Kn\right) \leq e^{-tKn}\left(\mathbb{E}\left[e^{tx_1^2}\right]\right)^n$$

を得ます．右辺のカッコの中の期待値は $0 < t < 1/2$ の条件のもとで

$$\mathbb{E}\left[e^{tx_1^2}\right] = \int_{-\infty}^{\infty} e^{tx_1^2 - \frac{x_1^2}{2}}\mathrm{d}x = (1-2t)^{-1/2}$$

のように得られます．これを代入することにより，

$$\begin{aligned}\Pr\left(\sum_{i=1}^n x_i^2 \geq Kn\right) &\leq e^{-tKn}(1-2t)^{-n/2} \\ &= \exp\left(-tKn - \frac{n}{2}\log(1-2t)\right)\end{aligned}$$

マルコフの不等式（Markov's inequality）は非負の値をとる確率変数 x に関して成り立つ不等式で

$$\Pr(x \geq t) \leq \frac{\mathbb{E}[x]}{t}$$

のように表されます．証明は

$$\Pr(x \geq t) = \int_{x \geq t} \mathrm{d}P(x) \leq \int_{x \geq t} \frac{x}{t} \mathrm{d}P(x) \leq \frac{\mathbb{E}[x]}{t}$$

のように得られます．ただし，第 1 の不等式では積分範囲で $x \geq t$ が成立することを用い，第 2 の不等式では x が負の値をとらないことを用いました．

マルコフの不等式は，より発展的な**ヘフディングの不等式** (Hoeffding's inequality) や**ベルンシュタインの不等式** (Bernstein's inequality) を導くのに使われます．

メモ 5.5 マルコフの不等式

を得ます．$0 < t < 1/2$ は任意なので，右辺を t に関して最小化することにより

$$\Pr\left(\sum_{i=1}^{n} x_i^2 \geq Kn\right) \leq \left(e^{K-1}/K\right)^{-n/2}$$

を得ます．ただし，$t = (K-1)/(2K)$ としました．□

補題 5.5 の系として，例えば $K = 4$ とすると $e^3/4 \geq e$ より，

$$\Pr\left(\sum_{i=1}^{n} x_i^2 \geq 4n\right) \leq \exp\left(-\frac{n}{2}\right) \tag{5.4}$$

を得ます．

5.4 基本的な性質

真の回帰係数ベクトル $\boldsymbol{w}^*$ の絶対値の上位 k 個の係数によって張られる k 次元部分空間を $S_k \subseteq \mathbb{R}^d$ とし，その直交補空間を $S_k^\perp$ とします．したがって，本章のはじめで定義した分解 $\boldsymbol{w}^* = \boldsymbol{w}^*_{S_k} + \boldsymbol{w}^*_{S_k^\perp}$ は直交分解です．例えば，$\boldsymbol{w}^* = (0.5, 1, -2, 0.1)^\top$ であれば，$k = 2$ に関する分解は，

$$\underbrace{\begin{pmatrix} 0.5 \\ 1 \\ -2 \\ 0.1 \end{pmatrix}}_{\boldsymbol{w}^*} = \underbrace{\begin{pmatrix} 0 \\ 1 \\ -2 \\ 0 \end{pmatrix}}_{\boldsymbol{w}^*_{S_k}} + \underbrace{\begin{pmatrix} 0.5 \\ 0 \\ 0 \\ 0.1 \end{pmatrix}}_{\boldsymbol{w}^*_{S_k^\perp}}$$

のようになります．

次に，最小化問題 (5.2) の解 $\hat{\boldsymbol{w}}$ と真の回帰係数ベクトル $\boldsymbol{w}^*$ の差を $\boldsymbol{\Delta} = \hat{\boldsymbol{w}} - \boldsymbol{w}^*$ と定義します．同様に，残差 $\boldsymbol{\Delta}$ の分解を $\boldsymbol{\Delta} = \boldsymbol{\Delta}_{S_k} + \boldsymbol{\Delta}_{S_k^\perp}$ と定義します．例えば，上の例のように S_k を定義したとき，$\boldsymbol{\Delta} = (0.8, -0.01, 0, 0.1)^\top$ であれば，

$$\underbrace{\begin{pmatrix} 0.8 \\ -0.01 \\ 0 \\ 0.1 \end{pmatrix}}_{\boldsymbol{\Delta}} = \underbrace{\begin{pmatrix} 0 \\ -0.01 \\ 0 \\ 0 \end{pmatrix}}_{\boldsymbol{\Delta}_{S_k}} + \underbrace{\begin{pmatrix} 0.8 \\ 0 \\ 0 \\ 0.1 \end{pmatrix}}_{\boldsymbol{\Delta}_{S_k^\perp}}$$

のようになります．ここで，残差 $\boldsymbol{\Delta}$ の分解は $\boldsymbol{\Delta}$ の係数の大小ではなく，真の回帰係数ベクトル $\boldsymbol{w}^*$ の係数の大小で定められていることに注意してください．定義から $\boldsymbol{\Delta}_{S_k}$ は k スパースであり，$\boldsymbol{w}^*_{S_k}$ の台と $\boldsymbol{\Delta}_{S_k^\perp}$ の台は共通部分を持ちません．このとき，以下の補題が成り立ちます．

補題 5.6

$\boldsymbol{y} = (y_1, \ldots, y_n)^\top$ はモデル (5.1) に従って生成されたと仮定します．正則化パラメータ λ_n が $\lambda_n \geq 2\|\boldsymbol{X}^\top \boldsymbol{\xi}/n\|_\infty$ を満たすとき，任意の k に対して，

$$\|\boldsymbol{\Delta}_{S_k^\perp}\|_1 \leq 3\|\boldsymbol{\Delta}_{S_k}\|_1 + 4\|\boldsymbol{w}^*_{S_k^\perp}\|_1 \tag{5.5}$$

および

$$\frac{1}{n}\|\boldsymbol{X}\boldsymbol{\Delta}\|_2^2 \leq 3\lambda_n\sqrt{k}\|\boldsymbol{\Delta}\|_2 + 4\lambda_n\|\boldsymbol{w}^*_{S_k^\perp}\|_1 \tag{5.6}$$

が成り立ちます．

証明.

$\hat{\boldsymbol{w}}$ が最小化問題 (5.2) の解であることから，不等式

$$\frac{1}{2n}\|\boldsymbol{y}-\boldsymbol{X}\hat{\boldsymbol{w}}\|_2^2+\lambda_n\|\hat{\boldsymbol{w}}\|_1\le\frac{1}{2n}\|\boldsymbol{y}-\boldsymbol{X}\boldsymbol{w}^*\|_2^2+\lambda_n\|\boldsymbol{w}^*\|_1$$

が成立します．式 (5.1) をベクトルの形で書いた $\boldsymbol{y}=\boldsymbol{X}\boldsymbol{w}^*+\boldsymbol{\xi}$ を用いて単純化を行うと，不等式

$$\begin{aligned}\frac{1}{2n}\|\boldsymbol{X}\boldsymbol{\Delta}\|_2^2&\le\langle\boldsymbol{X}^\top\boldsymbol{\xi}/n,\boldsymbol{\Delta}\rangle+\lambda_n\left(\|\boldsymbol{w}^*\|_1-\|\hat{\boldsymbol{w}}\|_1\right)\\&\le\|\boldsymbol{X}^\top\boldsymbol{\xi}/n\|_\infty\|\boldsymbol{\Delta}\|_1+\lambda_n\left(\|\boldsymbol{w}^*_{S_k}\|_1-\|\hat{\boldsymbol{w}}\|_1\right)+\lambda_n\|\boldsymbol{w}^*_{S_k^\perp}\|_1\end{aligned}\tag{5.7}$$

を得ます．ただし，2 行目では $p=\infty, q=1$ として補題 5.1 を用い，ノルム $\|\boldsymbol{w}^*\|_1$ に関して劣加法性（メモ 2.4 を参照）を用いました．上で定義した分解 $\boldsymbol{\Delta}=\boldsymbol{\Delta}_{S_k}+\boldsymbol{\Delta}_{S_k^\perp}$ を考えると，不等式

$$\begin{aligned}\|\hat{\boldsymbol{w}}\|_1&=\|\boldsymbol{w}^*_{S_k}+\boldsymbol{\Delta}_{S_k^\perp}+\boldsymbol{w}^*_{S_k^\perp}+\boldsymbol{\Delta}_{S_k}\|_1\\&\ge\|\boldsymbol{w}^*_{S_k}+\boldsymbol{\Delta}_{S_k^\perp}\|_1-\|\boldsymbol{w}^*_{S_k^\perp}\|_1-\|\boldsymbol{\Delta}_{S_k}\|_1\\&=\|\boldsymbol{w}^*_{S_k}\|_1+\|\boldsymbol{\Delta}_{S_k^\perp}\|_1-\|\boldsymbol{w}^*_{S_k^\perp}\|-\|\boldsymbol{\Delta}_{S_k}\|_1\end{aligned}$$

を得ます．ここで，2 行目では劣加法性を逆向きに（任意のベクトル $\boldsymbol{x},\boldsymbol{y}\in\mathbb{R}^d$ と任意のノルム $\|\cdot\|$ に関して $\|\boldsymbol{y}\|=\|\boldsymbol{y}+\boldsymbol{x}-\boldsymbol{x}\|\le\|\boldsymbol{y}+\boldsymbol{x}\|+\|\boldsymbol{x}\|$ より，$\|\boldsymbol{y}+\boldsymbol{x}\|\ge\|\boldsymbol{y}\|-\|\boldsymbol{x}\|$），3 行目ではベクトル $\boldsymbol{w}^*_{S_k}$ と $\boldsymbol{\Delta}_{S_k^\perp}$ の台が共通部分を持たないことを用いました（**メモ 5.6** を参照）．

したがって，上の不等式を不等式 (5.7) に代入すると，

$$\frac{1}{2n}\|\boldsymbol{X}\boldsymbol{\Delta}\|_2^2\le\|\boldsymbol{X}^\top\boldsymbol{\xi}/n\|_\infty\|\boldsymbol{\Delta}\|_1+\lambda_n\left(\|\boldsymbol{\Delta}_{S_k}\|_1-\|\boldsymbol{\Delta}_{S_k^\perp}\|_1\right)+2\lambda_n\|\boldsymbol{w}^*_{S_k^\perp}\|_1$$

を得ます．さらに，仮定より $\|\boldsymbol{X}^\top\boldsymbol{\xi}/n\|_\infty\le\lambda_n/2$ を代入すると，不等式

$$\frac{1}{2n}\|\boldsymbol{X}\boldsymbol{\Delta}\|_2^2\le\frac{\lambda_n}{2}(\|\boldsymbol{\Delta}_{S_k}\|_1+\|\boldsymbol{\Delta}_{S_k^\perp}\|_1)+\lambda_n\left(\|\boldsymbol{\Delta}_{S_k}\|_1-\|\boldsymbol{\Delta}_{S_k^\perp}\|_1\right)+2\lambda_n\|\boldsymbol{w}^*_{S_k^\perp}\|_1\tag{5.8}$$

を得ます．ここで，$\|\boldsymbol{\Delta}\|_1$ に対して劣加法性を用いました．

不等式 (5.8) の左辺をゼロで下から抑えると，

$$\frac{\lambda_n}{2}\|\boldsymbol{\Delta}_{S_k^\perp}\|_1 \le \frac{3}{2}\lambda_n\|\boldsymbol{\Delta}_{S_k}\|_1 + 2\lambda_n\|\boldsymbol{w}^*_{S_k^\perp}\|_1$$

を得ます．この両辺を $\lambda_n/2$ で除すことで不等式 (5.5) を得ます．

さらに，不等式 (5.8) で $\boldsymbol{\Delta}_{S_k}$ が k スパースであることを利用して補題 5.2 を用いると，

$$\begin{aligned}\frac{1}{2n}\|\boldsymbol{X}\boldsymbol{\Delta}\|_2^2 &\le \frac{3}{2}\lambda_n\sqrt{k}\|\boldsymbol{\Delta}_{S_k}\|_2 + 2\lambda_n\|\boldsymbol{w}^*_{S_k^\perp}\|_1\\ &\le \frac{3}{2}\lambda_n\sqrt{k}\|\boldsymbol{\Delta}\|_2 + 2\lambda_n\|\boldsymbol{w}^*_{S_k^\perp}\|_1\end{aligned}$$

を得ます．最後の行では $\boldsymbol{\Delta} = \boldsymbol{\Delta}_{S_k} + \boldsymbol{\Delta}_{S_k^\perp}$ が直交分解であることを用いました．両辺に 2 をかけることで不等式 (5.6) を得ます． □

補題 5.6 は左辺に行列 $\boldsymbol{X}$ が現れることを除けば，残差 $\boldsymbol{\Delta} = \hat{\boldsymbol{w}} - \boldsymbol{w}^*$ を評価するという目的にかなり近いところに来ています．

実際，仮に定数 $\kappa > 0$ が存在して，

$$\kappa\|\boldsymbol{w}\|_2^2 \le \frac{1}{n}\|\boldsymbol{X}\boldsymbol{w}\|_2^2 \tag{5.9}$$

補題 5.6 の証明ではベクトル $\boldsymbol{x}, \boldsymbol{y} \in \mathbb{R}^d$ の台が共通部分を持たない場合に ℓ_1 ノルムが

$$\|\boldsymbol{x}+\boldsymbol{y}\|_1 = \|\boldsymbol{x}\|_1 + \|\boldsymbol{y}\|_1$$

のように分解できることを用いました．一般にはどのような場合に**分解可能**（decomposable）なのでしょうか．

一般には，$\boldsymbol{x}$ と $\boldsymbol{y}$ におけるノルムの劣微分 $\partial\|\boldsymbol{x}\|$ と $\partial\|\boldsymbol{y}\|$ が共通部分を持つことがノルムが上のような形に分解できることの必要十分条件です．

ℓ_1 ノルムの場合，点 $\boldsymbol{x}$ での ℓ_1 ノルムの劣微分は

$$\partial\|\boldsymbol{x}\|_1 = \left\{\boldsymbol{g}\in\mathbb{R}^d :\quad \begin{cases} g_j \in [-1,1], & x_j = 0 \text{ の場合}, \\ g_j = \mathrm{sign}(x_j), & \text{それ以外の場合}, \end{cases} \quad j = 1,\ldots,d\right\}$$

（ただし sign は符号関数）のように書くことができるので，より厳密には，$\boldsymbol{x}, \boldsymbol{y}$ の台が共通部分を持たないか，持つ場合には符号が等しいときには分解できることがわかります．

メモ 5.6 ノルムの分解可能性

のように下から評価することができれば，残差 $\hat{\boldsymbol{w}}-\boldsymbol{w}^*$ に関して，不等式

$$\|\hat{\boldsymbol{w}}-\boldsymbol{w}^*\|_2^2 \leq \frac{9}{\kappa^2}\lambda_n^2 \cdot k + \frac{8}{\kappa}\lambda_n \|\boldsymbol{w}^*_{S_k^\perp}\|_1 \tag{5.10}$$

が成立します．

しかし，次節でみるように，一般には仮定 (5.9) は成立せず，一種の制限を加える必要があります．

不等式 (5.10) の証明.

$\boldsymbol{\Delta}=\hat{\boldsymbol{w}}-\boldsymbol{w}^*$ とおきます．不等式 (5.6) の左辺に対して仮定 (5.9) を用い，下から抑えることで

$$\kappa\|\boldsymbol{\Delta}\|_2^2 \leq 3\lambda_n\sqrt{k}\|\boldsymbol{\Delta}\| + 4\lambda_n\|\boldsymbol{w}^*_{S_k^\perp}\|_1 \tag{5.11}$$

を得ます．一般に，$A,B \geq 0$ に関して，$x^2 \leq Ax+B$ であれば 2 次方程式を解くことにより $x \geq 0$ の範囲で

$$x \leq \frac{A+\sqrt{A^2+4B}}{2}$$

であり，

$$x^2 \leq \frac{A^2+2A\sqrt{A^2+4B}+A^2+4B}{4} \leq A^2+2B$$

を得ることができます．したがって，不等式 (5.11) より，不等式 (5.10) を得ます． □

5.5 制限強凸性

仮に行列 $\boldsymbol{X}$ が任意のベクトル $\boldsymbol{w}\in\mathbb{R}^d$ に関して不等式

$$\frac{1}{n}\|\boldsymbol{X}\boldsymbol{w}\|_2^2 \geq \kappa\|\boldsymbol{w}\|_2^2 \tag{5.12}$$

を満たすような正の定数 $\kappa>0$ が存在するとします．このとき，任意の 2 つのベクトル $\boldsymbol{w},\boldsymbol{w}'\in\mathbb{R}^d$ に関して，$\boldsymbol{y}=\boldsymbol{X}\boldsymbol{w}$，$\boldsymbol{y}'=\boldsymbol{X}\boldsymbol{w}'$ と定義すると，

$$\frac{1}{n}\|\boldsymbol{y}-\boldsymbol{y}'\|_2^2 = \frac{1}{n}\|\boldsymbol{X}(\boldsymbol{w}-\boldsymbol{w}')\|_2^2 \geq \kappa\|\boldsymbol{w}-\boldsymbol{w}'\|_2^2 \tag{5.13}$$

が成立するため，ノルムの独立性から $\boldsymbol{y}=\boldsymbol{y}'$ ならば $\boldsymbol{w}=\boldsymbol{w}'$ であることがわかります．したがって，n 次元ベクトル $\boldsymbol{y}$ から（例えば最小二乗法で）一意に $\boldsymbol{w}$ を決定することができます．しかし，不等式 (5.12) が成立するには，$\boldsymbol{X}$ の列ベクトルは互いに線形独立でなければなりません．そうでなければ $\boldsymbol{X}\boldsymbol{w}=0$ となるゼロベクトルでない $\boldsymbol{w}\in\mathbb{R}^d$ が存在するからです．しかし，列ベクトルが線形独立であるためには $n\geq d$ でなければならず，サンプル数 n が次元 d より小さい場合を扱うことはできません．

そこで，不等式 (5.12) に少し制約を導入した以下の仮定を考えます．

仮定 5.1（制限強凸性）

行列 $\boldsymbol{X}$ は $n\times d$ とします．集合 $C(r)$ を

$$C(r)=\left\{\boldsymbol{\Delta}\in\mathbb{R}^d:\boldsymbol{\Delta}\neq 0,\ \frac{\|\boldsymbol{\Delta}\|_1}{\|\boldsymbol{\Delta}\|_2}\leq r\right\}$$

のように定義します．正の定数 $\kappa>0$ が存在して，任意の $\boldsymbol{\Delta}\in C(r)$ に対し，

$$\frac{1}{n}\|\boldsymbol{X}\boldsymbol{\Delta}\|_2^2\geq\kappa\|\boldsymbol{\Delta}\|_2^2$$

が成立するとき，$\boldsymbol{X}$ は $C(r)$ に関して**制限強凸性**（restricted strong convexity）を満たすといいます [56]．また $r>0$ に関して制限強凸性を満たす最大の κ を $\kappa(r)$ と書きます（**メモ 5.7** を参照）．

制限集合 $C(r)$ は ℓ_1 ノルムが ℓ_2 ノルムに比較して小さいベクトルの集合です．例えば，k スパースなベクトル $\boldsymbol{\Delta}$ は補題 5.2 より，$\|\boldsymbol{\Delta}\|_1/\|\boldsymbol{\Delta}\|_2\leq\sqrt{k}$ であり，集合 $C(\sqrt{k})$ に含まれます．

上記の仮定が $C(\sqrt{2k})$ に関して成立するとき，$\boldsymbol{y}=\boldsymbol{X}\boldsymbol{w}$ を満たす k スパースな $\boldsymbol{w}$ が存在すれば，それは一意に定まります．なぜなら，任意の 2 つの k スパースベクトル $\boldsymbol{w},\boldsymbol{w}'\in\mathbb{R}^d$ に関して，$\boldsymbol{y}=\boldsymbol{X}\boldsymbol{w}$，$\boldsymbol{y}'=\boldsymbol{X}\boldsymbol{w}'$ とすると，2 つの k スパースベクトルの差は $2k$ スパースであるため，

$$\frac{1}{n}\|\boldsymbol{y}-\boldsymbol{y}'\|_2^2=\frac{1}{n}\|\boldsymbol{X}(\boldsymbol{w}-\boldsymbol{w}')\|_2^2\geq\kappa(\sqrt{2k})\|\boldsymbol{w}-\boldsymbol{w}'\|_2^2$$

が成立し，ノルムの独立性から $\boldsymbol{y}=\boldsymbol{y}'$ ならば $\boldsymbol{w}=\boldsymbol{w}'$ であり，その場合に

関数 f，パラメータ $\beta > 0$ に関して，関数 $f(\boldsymbol{x}) - \frac{\beta}{2}\|\boldsymbol{x}\|_2^2$ が凸関数であるとき関数 f が β **強凸**（strongly convex）であるといいます．

$\boldsymbol{x}^*$ が $f(\boldsymbol{x})$ を最小化するとき，$\boldsymbol{x}^*$ における f の劣微分 $\partial f(\boldsymbol{x})$ はゼロベクトルを含むため，劣微分の定義（メモ 3.1 を参照）から

$$f(\boldsymbol{x}) - \frac{\beta}{2}\|\boldsymbol{x}\|_2^2 \geq f(\boldsymbol{x}^*) - \frac{\beta}{2}\|\boldsymbol{x}^*\|_2^2 - \langle \beta\boldsymbol{x}^*, \boldsymbol{x} - \boldsymbol{x}^* \rangle$$

であり，項を整理することにより

$$f(\boldsymbol{x}) - f(\boldsymbol{x}^*) \geq \frac{\beta}{2}\|\boldsymbol{x} - \boldsymbol{x}^*\|_2^2$$

を得ます．したがって，f が強凸関数ならば，目的関数 $f(\boldsymbol{x})$ が最小値 $f(\boldsymbol{x}^*)$ に近いことが，$\boldsymbol{x}$ が $\boldsymbol{x}^*$ に近いことの保証を与えます．特に $f(\boldsymbol{x}) = f(\boldsymbol{x}^*)$ であれば，ノルムの独立性より，$\boldsymbol{x} = \boldsymbol{x}^*$ であるため，f が強凸であれば，最小化を達成する $\boldsymbol{x}^*$ は唯一です．

メモ 5.7 強凸性

限られるからです．**図 5.2** にこれを示します．

この議論は $\boldsymbol{X}$ が $\sqrt{2k}$ 制限強凸性を満たせば，$\boldsymbol{y} = \boldsymbol{X}\boldsymbol{w}$ を満たす k スパースなベクトル $\boldsymbol{w}$ は唯一であることを意味します．ただし，一意であってもいかにそれをみつけるかという計算量の問題は自明ではないことに注意してください．

制限強凸性とメモ 4.2 で紹介した制限等長性を比較すると，任意の k スパースベクトルは $C(\sqrt{k})$ に含まれるので，$C(\sqrt{k})$ に関して制限強凸性が成立すれば，k 制限等長性の左側の不等式が成立します．一方，制限等長性は厳密にスパースなベクトルのみを対象とするのに対し，制限強凸性は ℓ_1 ノルムの ℓ_2 ノルムに対する比が小さければ，スパースではないベクトルも対象とすることができます．

この仮定のもとで次の定理が成立します．

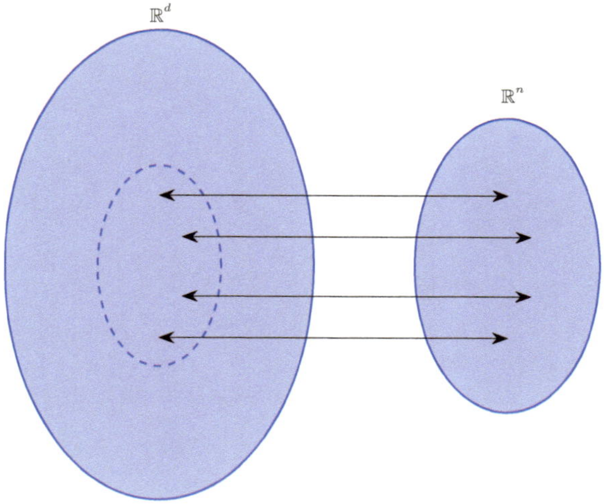

図 5.2 行列 $\boldsymbol{X}$ が制限強凸性を満足するときにスパースな高次元ベクトル $\boldsymbol{w}$ が低次元ベクトル $\boldsymbol{y}$ から区別できることの説明．左の大きな楕円は d 次元ベクトルの集合を表します．右のやや小さい楕円は $n(< d)$ 次元ベクトル $\boldsymbol{w}$ の集合を表します．k スパースな d 次元ベクトル（左の楕円の内部の小さい破線で示す領域）は行列 $\boldsymbol{X}$ が $r = \sqrt{2k}$ に関して制限強凸性を満たせば，$\boldsymbol{y} = \boldsymbol{X}\boldsymbol{w}$ と 1 対 1 対応します．

定理 5.2

定数 $c_0 > 0$ が存在して，行列 $\boldsymbol{X}$ は $C(8\sqrt{\frac{n}{c_0 \log(d)}})$ に関して定数 $\kappa > 0$ で制限強凸性を持つと仮定します．このとき，任意の k に関して，$n \geq c_0 k \log(d)$ であれば，$\lambda_n \geq 2\|\boldsymbol{X}^\top \boldsymbol{\xi}\|_\infty / n$ に対する最小化問題 (5.2) の解 $\hat{\boldsymbol{w}}$ は

$$\|\hat{\boldsymbol{w}} - \boldsymbol{w}^*\|_2^2 \leq \max\left(\frac{9}{\kappa^2}\lambda_n \cdot k + \frac{8}{\kappa}\lambda_n \|\boldsymbol{w}^*_{S_k^\perp}\|_1, \frac{c_0 \log(d)}{n}\|\boldsymbol{w}^*_{S_k^\perp}\|_1^2\right)$$

を満たします．

定理 5.2 の優れている点は確率の評価を含まず**決定論的**であるという点です．もちろん最終的には定理 5.1 のように確率分布に関する仮定を利用した

いのですが，その途中段階として決定論的な定理をおくことによって，

1. どのような条件で，最小化問題 (5.2) の性能評価を与えることができるのか
2. どのような確率分布を仮定すると（高い確率で）上の条件を充足することができるのか

という 2 つの問題を切り分けて考えることができます．

5.6　定理 5.1 と系 5.1 の証明

定理 5.2 の証明は 5.7 節で行います．本節では，行列 $\boldsymbol{X}$ とノイズベクトル $\boldsymbol{\xi}$ に関する確率的な仮定から十分大きい c_0 に対して，$C(8\sqrt{\frac{n}{c_0 \log(d)}})$ に関する制限強凸性（仮定 5.1）が成立することを確認し，さらに正則化パラメータ λ_n が $\lambda_n \geq 2\|\boldsymbol{X}^\top \boldsymbol{\xi}\|_\infty / n$ を満たすための十分条件を示します．

まず，制限強凸性の確認です．これは Raskutti ら [65] によって以下の定理が得られています．

定理 5.3

行列 $\boldsymbol{X} \in \mathbb{R}^{n \times d}$ は各行が独立同一に正規分布 $\mathcal{N}(0, \boldsymbol{\Sigma})$ から生成されていると仮定します．このとき，定数 $c, c' > 0$ が存在して，任意の $\boldsymbol{v} \in \mathbb{R}^d$ に対して

$$\frac{\|\boldsymbol{X}\boldsymbol{v}\|_2}{\sqrt{n}} \geq \frac{1}{4}\|\boldsymbol{\Sigma}^{1/2}\boldsymbol{v}\|_2 - 9\rho(\boldsymbol{\Sigma})\sqrt{\frac{\log(d)}{n}}\|\boldsymbol{v}\|_1 \tag{5.14}$$

が確率 $1 - c' \exp(-cn)$ 以上で成立します．ただし，$\rho^2(\boldsymbol{\Sigma}) = \max_j \Sigma_{jj}$ は分散の最大値です．

証明.

証明は Raskutti ら [65] を参照してください．　□

定理 5.3 を $\boldsymbol{X}$ の各列が独立な場合（$\boldsymbol{\Sigma} = \boldsymbol{I}_d$）に単純化すると，定理 5.1 で仮定する確率分布のもとで制限強凸性を高い確率で充足することが示せます．$\boldsymbol{\Sigma} = \boldsymbol{I}_d$ の場合，不等式 (5.14) より

$$\frac{\|\boldsymbol{X}\boldsymbol{v}\|_2}{\sqrt{n}} \geq \frac{1}{4}\|\boldsymbol{v}\|_2 \left(1 - 36\sqrt{\frac{\log(d)}{n}}\frac{\|\boldsymbol{v}\|_1}{\|\boldsymbol{v}\|_2}\right)$$

が得られます．したがって，任意の $\boldsymbol{v} \in C(8\sqrt{\frac{n}{c_0 \log(d)}})$ に対して

$$\frac{\|\boldsymbol{X}\boldsymbol{v}\|_2}{\sqrt{n}} \geq \frac{1}{4}\|\boldsymbol{v}\|_2 \left(1 - \frac{288}{\sqrt{c_0}}\right)$$

が成立します．したがって，$c_0 > 288^2$ であれば $\kappa > 0$ が存在して，任意の $\boldsymbol{v} \in C(8\sqrt{\frac{n}{c_0 \log(d)}})$ に対して

$$\frac{\|\boldsymbol{X}\boldsymbol{v}\|_2}{\sqrt{n}} \geq \kappa\|\boldsymbol{v}\|_2$$

が成立します．したがって，制限強凸性の仮定を確率 $1 - c' \exp(-cn)$ 以上で満たすことが確認できました．

次に，ℓ_∞ ノルム $\|\boldsymbol{X}^\top \boldsymbol{\xi}\|_\infty$ がどのように振る舞うのかを考えます．まず，$\boldsymbol{\xi}$ を固定し，$\boldsymbol{X}$ の確率性を考えます．$\boldsymbol{v} = \boldsymbol{X}^\top \boldsymbol{\xi} \in \mathbb{R}^d$ と定義すると，ベクトル $\boldsymbol{v}$ の各要素は独立同一に正規分布 $\mathcal{N}(0, \|\boldsymbol{\xi}\|^2)$ に従います．したがって，ℓ_∞ ノルムの評価に補題 5.4 を適用することができます．

次に $\boldsymbol{\xi}$ がランダムな場合を考えます．$s = 2\sigma\sqrt{n}$ とおきます．

$$\begin{aligned}
&\Pr\left(\|\boldsymbol{X}^\top \boldsymbol{\xi}\|_\infty \geq s\sqrt{2(1+\alpha)\log(d)}\right) \\
\leq &\Pr\left(\|\boldsymbol{X}^\top \boldsymbol{\xi}\|_\infty \geq 2\sigma\sqrt{2(1+\alpha)n\log(d)} \,\middle|\, \boldsymbol{\xi} \leq s\right) \cdot \underbrace{\Pr(\|\boldsymbol{\xi}\| \leq s)}_{\leq 1} \\
&\quad + \underbrace{\Pr\left(\|\boldsymbol{X}^\top \boldsymbol{\xi}\|_\infty \geq s\sqrt{2(1+\alpha)\log(d)} \,\middle|\, \|\boldsymbol{\xi}\| > s\right)}_{\leq 1} \cdot \Pr(\|\boldsymbol{\xi}\| > s) \\
\leq &\frac{1}{d^\alpha} + \exp\left(-\frac{n}{2}\right)
\end{aligned}$$

を得ます．ここで，3 行目では，第 1 項に補題 5.4 を適用して，$\|\boldsymbol{\xi}\| \leq s$ を満たす任意の $\boldsymbol{\xi}$ に関して，

$$\Pr\left(\|\boldsymbol{X}^\top \boldsymbol{\xi}\|_\infty \geq \sqrt{2(1+\alpha)\log(d)} \middle| \boldsymbol{\xi}\right) \leq \frac{1}{d^\alpha}$$

であることを用いました．一方，第 2 項では二乗ノルム $\|\boldsymbol{\xi}\|^2$ は自由度 n のカイ二乗分布に従うため，補題 5.5 の系である不等式 (5.4) より

$$\Pr\left(\|\boldsymbol{\xi}\|^2 \geq s^2\right) \leq \exp\left(-\frac{n}{2}\right)$$

を用いました．

ここで，$n \geq c_0 k \log(d)$ のとき，$c_0 k \geq 2\alpha$ であれば指数的に減少する第 2 項の確率は第 1 項に比べて無視できることに注意してください．

以上から，例えば $\alpha = 1$ とすると，$\lambda_n \geq 8\sigma\sqrt{\log(d)/n}$ ととることで，少なくとも確率 $1 - 1/d - \exp(-n/2)$ で条件 $\lambda_n \geq 2\|\boldsymbol{X}^\top \boldsymbol{\xi}\|_\infty / n$ を満たすことができます． □

系 5.1 の証明

一般性を失うことなく，$w_j^* \geq \eta \ (j = 1, \ldots, k)$, $w_j^* < \eta \ (j = k+1, \ldots, d)$ と仮定します．このとき，

$$k = \sum_{j=1}^{k} 1 \leq \sum_{j=1}^{k} (w_j^*/\eta)^q \leq R_q/\eta^q,$$

$$\|\boldsymbol{w}^*_{S_k^\perp}\|_1 = \sum_{j=k+1}^{d} |w_j^*| = \eta \sum_{j=k+1}^{d} |w_j^*|/\eta \leq \eta \sum_{j=k+1}^{d} (|w_j^*|/\eta)^q \leq R_q \cdot \eta^{1-q}$$

が成立します．上の 2 つの不等式を不等式 (5.3) に代入し，右辺を η に関して最小化することにより，$\eta = q/(1-q)\sigma\sqrt{(1+\alpha)\log(d)/n}$ において，系 5.1 が成立します． □

5.7 定理 5.2 の証明

証明するべき不等式の右辺は 2 つの項の最大値の形をしています．この 2 つの項は残差ベクトル $\boldsymbol{\Delta} = \hat{\boldsymbol{w}} - \boldsymbol{w}^*$ が制限集合 $C(8\sqrt{\frac{n}{c_0 \log(d)}})$ に含まれる場合と含まれない場合を考えることで得られます．

まず含まれる場合 $\boldsymbol{\Delta} \in C(8\sqrt{\frac{n}{c_0 \log(d)}})$ を考えます．このとき，仮定から

制限強凸性が成り立つので，不等式 (5.10) の証明を用いて

$$\|\boldsymbol{\Delta}\|_2^2 \leq \frac{9}{\kappa^2}\lambda_n^2 \cdot k + \frac{8}{\kappa}\lambda_n \|\boldsymbol{w}^*_{S_k^\perp}\|_1$$

を得ます．次に，$\boldsymbol{\Delta}$ が制限集合に含まれない場合を考えます．このとき

$$\frac{\|\boldsymbol{\Delta}\|_1}{\|\boldsymbol{\Delta}\|_2} \geq 8\sqrt{\frac{n}{c_0 \log(d)}}$$

より，

$$\begin{aligned}
\|\boldsymbol{\Delta}\|_2 &\leq \frac{1}{8}\sqrt{\frac{c_0 \log(d)}{n}}\|\boldsymbol{\Delta}\|_1 & (5.15)\\
&\leq \frac{1}{8}\sqrt{\frac{c_0 \log(d)}{n}}\left(\|\boldsymbol{\Delta}_{S_k}\|_1 + \|\boldsymbol{\Delta}_{S_k^\perp}\|_1\right)\\
&\leq \frac{1}{8}\sqrt{\frac{c_0 \log(d)}{n}}\left(4\|\boldsymbol{\Delta}_{S_k}\|_1 + 4\|\boldsymbol{w}^*_{S_k^\perp}\|_1\right)\\
&\leq \frac{1}{2}\sqrt{\frac{c_0 \log(d)}{n}}\left(\sqrt{k}\|\boldsymbol{\Delta}\|_2 + \|\boldsymbol{w}^*_{S_k^\perp}\|_1\right) & (5.16)
\end{aligned}$$

を得ます．ただし，2 行目ではノルムの劣加法性を用い，3 行目では不等式 (5.5) を用い，4 行目では補題 5.2 と $\boldsymbol{\Delta} = \boldsymbol{\Delta}_{S_k} + \boldsymbol{\Delta}_{S_k^\perp}$ が直交分解であることを用いました．

したがって，不等式 (5.16) の右辺第 1 項を左辺に移項することにより

$$\left(1 - \frac{1}{2}\sqrt{\frac{c_0 k \log(d)}{n}}\right)\|\boldsymbol{\Delta}\|_2 \leq \frac{1}{2}\sqrt{\frac{c_0 \log(d)}{n}}\|\boldsymbol{w}^*_{S_k^\perp}\|_1$$

が得られ，$n \geq c_0 k \log(d)$ の条件のもとで

$$\|\boldsymbol{\Delta}\|_2 \leq \sqrt{\frac{c_0 \log(d)}{n}}\|\boldsymbol{w}^*_{S_k^\perp}\|_1$$

が得られます． □

5.8 数値例

さまざまなサンプル数 n，次元 d に対して k スパースなベクトル $\boldsymbol{w}^*$ を係数とする回帰問題を人工的に生成して，Lasso（最小化問題 (5.2)）の性能を

評価しました．ここで，人工データは次のように生成しました．$n \times d$ 行列 $\boldsymbol{X}$ の各要素を独立同一に標準正規分布 $\mathcal{N}(0,1)$ からサンプルしました．次に，k スパースベクトル $\boldsymbol{w}^*$ を k 個の非ゼロ要素をランダムに選び各要素が独立に標準正規分布に従うように生成しました．次に $\sigma = 0.01$ として，

$$\boldsymbol{y} = \boldsymbol{X}\boldsymbol{w}^* + \sigma\boldsymbol{\xi}$$

のように出力 $\boldsymbol{y}$ を生成しました．ここで，$\boldsymbol{\xi}$ は n 次元の独立な標準正規分布から生成しました．正則化パラメータ λ_n は，定理 5.1 に従って $\lambda_n = \sigma\sqrt{\log(d)/n}$ を用いました．推定誤差は ℓ_2 ノルムで $\|\hat{\boldsymbol{w}} - \boldsymbol{w}^*\|_2$ のように量りました．

結果を**図 5.3** に示します．図 5.3(a) は，$k = 10$ の場合に，異なる n と d の値に対して，上の実験で得られた推定誤差の 10 回の試行の平均値をヒートマップで示します．全体的にサンプル数 n が大きいほど，次元 d が小さいほど，誤差が小さいことがわかります．次元とサンプル数の関係をわかりやすくするために曲線 $n = c\log(d)$ を $c = 20, 25, 30$ について加えました．この曲線とヒートマップの等高線がだいたい一致していることから，同じ誤差を達成するのに必要なサンプル数は次元の増加に対して対数的にしか増加しないことが確認できます．

次元とサンプル数の関係をより明確にするため図 5.3(b) では推定誤差を正規化したサンプル数 $n/\log(d)$ に対してプロットしました．4 つの系列はそれぞれ，$d = 100, 200, 400, 800$ に対応します．異なる d に対するプロットがだいたい重なっていることから，サンプル数 n と $\log(d)$ の比が一定であれば，次元 d が異なっても誤差の減少する振る舞いは同じであるとする定理 5.1 が正しいことが確認できます．ここで，真の回帰係数ベクトル $\boldsymbol{w}^*$ は厳密に k スパースである場合を考えているので，不等式 (5.3) の第 2 項以降は無視して構いません．

図 5.3(c) は同様に $k = 20$ の場合を示します．全体的な傾向は図 5.3(b) と同じで，ただし縦軸がおおよそ $\sqrt{2}$ 倍になっています．

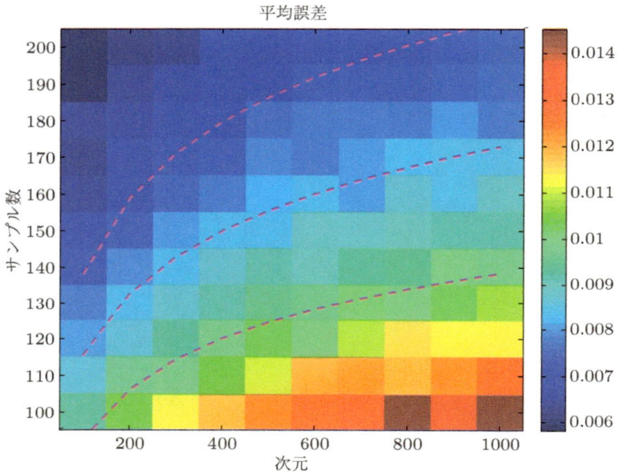

(a) サンプル数 n（縦軸）次元 d（横軸）の大きさの人工データに対する Lasso の推定誤差をヒートマップで表します．3 つの曲線は下から $n = 20\log(d)$，$n = 25\log(d)$，$n = 30\log(d)$ を表します．真の非ゼロ要素の数は $k = 10$ です．

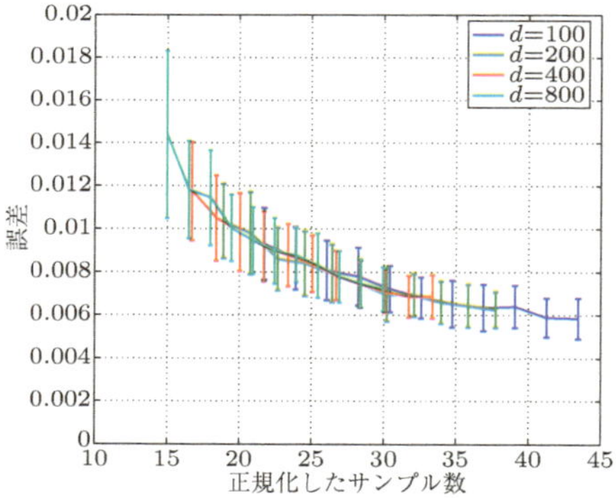

(b) 誤差 $\|\hat{\boldsymbol{w}} - \boldsymbol{w}^*\|_2$ の正規化したサンプル数 $n/\log(d)$ に対するプロット．$k = 10$．

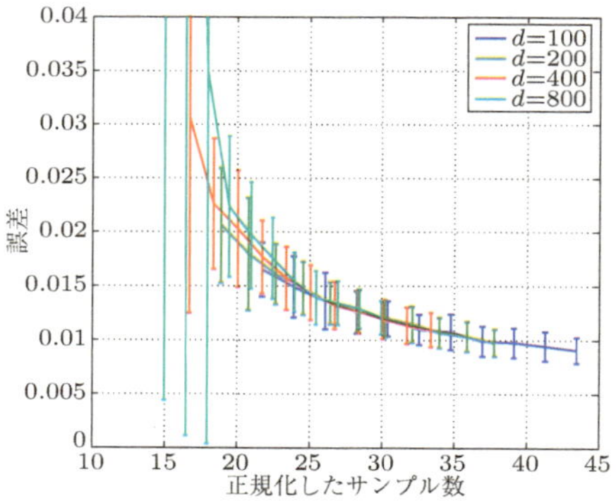

(c) 誤差 $\|\hat{\boldsymbol{w}} - \boldsymbol{w}^*\|_2$ の正規化したサンプル数 $n/\log(d)$ に対するプロット．$k = 20$．

図 5.3 人工データ実験．

Chapter 6

ℓ_1 ノルム正則化のための最適化法

本章では機械学習で頻繁に現れる最適化問題のための最適化法として，繰り返し重み付き縮小法，（加速付き）近接勾配法，双対拡張ラグランジュ法，双対交互方向乗数法の 4 つの手法を紹介します．またその仮定でノルムの変分表現，prox 作用素，凸共役などの後の章で用いる概念を紹介します．

6.1 最適化法の種類

最小化問題

$$\underset{\boldsymbol{w}\in\mathbb{R}^d}{\text{minimize}} \quad \underbrace{\hat{L}(\boldsymbol{w})+\lambda\|\boldsymbol{w}\|_1}_{=f(\boldsymbol{w})} \tag{6.1}$$

の形の問題は 2.5 節で説明したように，$\hat{L}(\boldsymbol{w})$ が凸関数であれば，ℓ_1 制約付き最小化問題

$$\underset{\boldsymbol{w}\in\mathbb{R}^d}{\text{minimize}} \quad \hat{L}(\boldsymbol{w}) \quad \text{subject to} \quad \|\boldsymbol{w}\|_1 \leq C$$

とパラメータ λ と C の 1 対 1 変換を通して等価であり，さらに $\lambda \to 0$ の極限で

$$\underset{\boldsymbol{w}\in\mathbb{R}^d}{\text{minimize}} \quad \|\boldsymbol{w}\|_1 \quad \text{subject to} \quad \hat{L}(\boldsymbol{w}) = \hat{L}^* \tag{6.2}$$

と一致します（ただし，$\hat{L}^* = \min_{\boldsymbol{w}\in\mathbb{R}^d} \hat{L}(\boldsymbol{w})$）.

本章では関数 $\hat{L}$ に関する仮定に応じて以下の 4 種類のアルゴリズムを紹介します.

1. **繰り返し重み付き縮小法**：損失項とリッジ正則化項 $(\lambda\|\boldsymbol{w}\|_2^2)$ の和が効率的に最小化できることを仮定します
2. **（加速付き）近接勾配法**：損失項 $\hat{L}(\boldsymbol{w})$ のなめらかさだけを必要とします
3. **双対拡張ラグランジュ法**：関数 $\hat{L}$ が

$$\hat{L}(\boldsymbol{w}) = f_\ell(\boldsymbol{X}\boldsymbol{w})$$

   のように損失関数 $f_\ell : \mathbb{R}^n \to \mathbb{R}$ とデータ行列 $\boldsymbol{X} \in \mathbb{R}^{n\times d}$ に分解できることを必要とします
4. **双対交互方向乗数法**：双対拡張ラグランジュ法と同様の仮定です．関数 $\hat{L}$ として，

$$\hat{L}(\boldsymbol{w}) = \frac{1}{2}\|\boldsymbol{X}\boldsymbol{w} - \boldsymbol{y}\|_2^2$$

   のように二乗誤差の場合は，コレスキー分解の事前計算ができて，より効率的になります

6.2 準備

本節では ℓ_1 ノルムの**変分表現**（variational representation），**prox 作用素**（prox operator），**凸共役**（convex conjugate）などの最適化問題を扱うのに必要となる道具を準備します.

補題 6.1 （ℓ_1 ノルムの変分表現）

ℓ_1 ノルムは以下のようにパラメータ $\boldsymbol{\eta}$ を用いて書き直すことができます．

$$\|\boldsymbol{w}\|_1 = \sum_{j=1}^{d} |w_j| = \frac{1}{2}\sum_{j=1}^{d} \min_{\substack{\boldsymbol{\eta}\in\mathbb{R}^d: \\ \eta_j \geq 0}} \left(\frac{w_j^2}{\eta_j} + \eta_j \right)$$

また，右辺で最小化される関数は，w_j と η_j の関数として凸（同時凸）です．

証明.

相加平均と相乗平均の関係から $w_j^2/\eta_j + \eta_j \geq 2|w_j|$ であり，$\eta_j = |w_j|$ のときに下限を達成します．同時凸性は関数 $g(x,y) = x^2/y + y$ のヘシアン行列

$$\begin{bmatrix} \frac{\partial^2 g}{\partial x^2} & \frac{\partial^2 g}{\partial x \partial y} \\ \frac{\partial^2 g}{\partial x \partial y} & \frac{\partial^2 g}{\partial y^2} \end{bmatrix} = \frac{2}{y}\begin{bmatrix} 1 & -x/y \\ -x/y & x^2/y^2 \end{bmatrix} = \frac{2}{y}\begin{bmatrix} 1 \\ -x/y \end{bmatrix}\begin{bmatrix} 1 & -x/y \end{bmatrix}$$

が，$y > 0$ のとき半正定行列であることから確認できます． □

補題 6.1 は別名 η-トリックとして知られています．$\boldsymbol{\eta}$ を固定したもとでは min の中の 2 次関数は ℓ_1 ノルムに対する上界を与えます．これを図 **6.1** に示します．

定義 6.1 （prox 作用素）

凸関数 g に関して，**prox** 作用素 prox_g を

$$\mathrm{prox}_g(\boldsymbol{y}) = \underset{\boldsymbol{w}\in\mathbb{R}^d}{\mathrm{argmin}} \left(\frac{1}{2}\|\boldsymbol{y} - \boldsymbol{w}\|_2^2 + g(\boldsymbol{w}) \right)$$

のように定義します．

定義 6.1 に現れる最小化問題は強凸（メモ 5.7 を参照）なので，最小化を

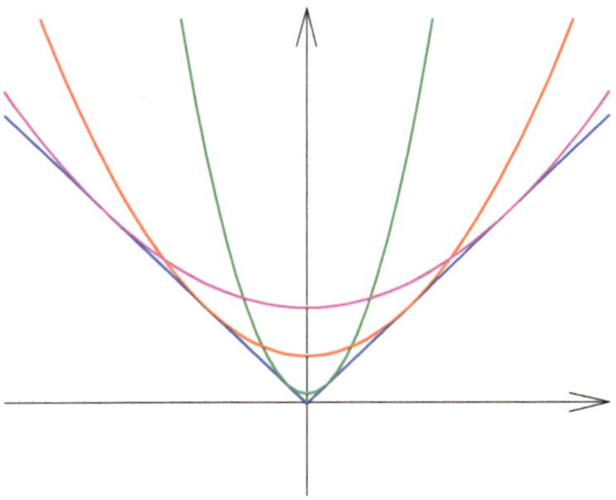

図 6.1 補題 6.1 のイメージ．1 次元の場合に絶対値関数 $|w|$ および，3 つの点 $\eta = 0.2, 1, 2$ に対する上界 $\frac{1}{2}(w^2/\eta + \eta)$ を示します．

達成する $\boldsymbol{w}$ は一意に定まります．

補題 6.2（ℓ_1 ノルムに関する prox 作用素）

ℓ_1 ノルムに関する prox 作用素

$$\mathrm{prox}_{\lambda}^{\ell_1}(\boldsymbol{y}) = \underset{\boldsymbol{w} \in \mathbb{R}^d}{\mathrm{argmin}} \left(\frac{1}{2} \|\boldsymbol{y} - \boldsymbol{w}\|_2^2 + \lambda \|\boldsymbol{w}\|_1 \right) \qquad (6.3)$$

は

$$\left[\mathrm{prox}_{\lambda}^{\ell_1}(\boldsymbol{y})\right]_j = \begin{cases} y_j + \lambda, & y_j < -\lambda \text{ の場合}, \\ 0, & -\lambda \leq y_j \leq \lambda \text{ の場合}, \\ y_j - \lambda, & y_j > \lambda \text{ の場合}, \end{cases}$$

$$(j = 1, \ldots, d) \qquad (6.4)$$

のように解析的に書くことができます．ただし，$[\cdots]_j$ はベクトルの j 番目の要素を表します．ここで，正則化パラメータ λ に対する依存性を協調するために λ を下付きにしています．

証明.

最小化問題 (6.3) の目的関数は,

$$\frac{1}{2}\|\boldsymbol{y}-\boldsymbol{w}\|_2^2+\lambda\|\boldsymbol{w}\|_1=\sum_{j=1}^{d}\left(\frac{1}{2}(y_j-w_j)^2+\lambda|w_j|\right)$$

のように成分ごとの関数の和に分解できるので，各 j について個別に最小化すればよいことがわかります．個別の最小化問題は，最小化を達成する点では劣微分がゼロを含むため（メモ 3.1 を参照），

$$y_j-w_j\in\lambda\partial|w_j|,\qquad j=1,\ldots,d$$

を得ます．ここで，$\partial|w|$ は絶対値関数 $|w|$ の劣微分で，

$$\partial|w|=\begin{cases}-1, & w<0\\ [-1,1], & w=0\\ 1, & w>0\end{cases}$$

と書くことができます．ここで，$w=0$ では劣微分は 1 点に定まらず，-1 から $+1$ の範囲をとることに注意してください．また，上の式で $w_j=0$ のとき集合に対する乗算および加算により

$$y_j\in[-\lambda,\lambda]$$

となります．3 つの場合についてそれぞれ考えることにより，目的の解を得ます．図 3.1 も参照してください． □

ℓ_1 ノルムに関する prox 作用素は**ソフト閾値関数** (soft-threshold function) と呼ばれます [21, 22, 31]．直感的には，正則化パラメータ λ が閾値の役割を果たし，絶対値が λ 以下の係数 y_j はゼロに打ち切られ，それ以上の係数も原点方向に λ だけ縮小されます．

ソフト閾値関数と ℓ_2 ノルムの 2 乗（リッジ正則化項）*1 に関する prox 作

*1 ℓ_2 ノルムそのもの（2 乗しない）に対する prox 作用素は，

$$\underset{\boldsymbol{w}\in\mathbb{R}^d}{\operatorname{argmin}}\left(\frac{1}{2}\|\boldsymbol{y}-\boldsymbol{w}\|_2^2+\lambda\|\boldsymbol{w}\|_2\right)=\begin{cases}(\|\boldsymbol{w}\|_2-\lambda)\frac{\boldsymbol{w}}{\|\boldsymbol{w}\|_2}, & \|\boldsymbol{w}\|_2>\lambda \text{ の場合}\\ 0, & \text{それ以外}\end{cases}$$

であり，すべての変数が非ゼロあるいはすべての変数がゼロのどちらかしかとりえない点に注意してください．また 7 章を参照してください．

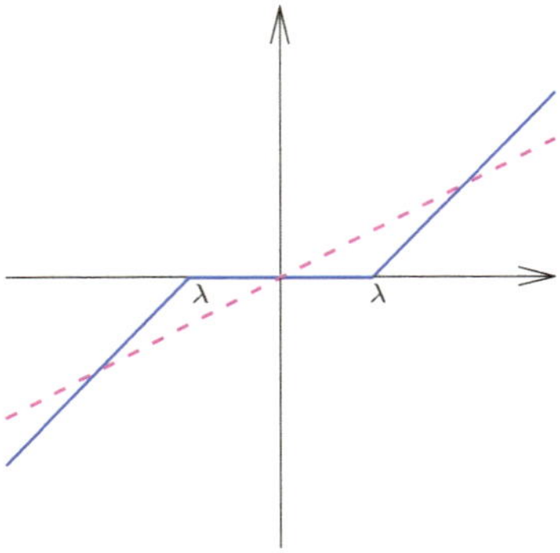

図 6.2 ℓ_1 ノルムに関する prox 作用素 (6.4)（実線）と ℓ_2 ノルムの 2 乗に関する prox 作用素 (6.5)（破線）の比較

用素

$$\underset{\boldsymbol{w}\in\mathbb{R}^d}{\mathrm{argmin}}\left(\frac{1}{2}\|\boldsymbol{y}-\boldsymbol{w}\|_2^2+\frac{\lambda}{2}\|\boldsymbol{w}\|_2^2\right)=\frac{1}{1+\lambda}\boldsymbol{y} \tag{6.5}$$

を 1 次元の場合に比較します（**図 6.2**）．図 6.2 から ℓ_2 ノルムの 2 乗に関する prox 作用素は $\lambda\to\infty$ の極限においてのみ係数がゼロとなるのに対し，ℓ_1 ノルムに関する prox 作用素は有限の λ で係数をゼロに打ち切ることができます．

表 6.1 にここまでに見てきた ℓ_1 ノルムに関する性質をまとめます．

表 6.1 ℓ_1 ノルムの性質のまとめ

本章で扱うノルム	ℓ_1 ノルム $\|\boldsymbol{w}\|_1=\sum_{j=1}^{d}\|w_j\|$
誘導するスパース性	要素単位のスパース性
$\boldsymbol{w}$ が k スパースであるとき	$\|\boldsymbol{w}\|_1\le\sqrt{k}\|\boldsymbol{w}\|_2$
双対ノルム	$\|\boldsymbol{x}\|_\infty=\max_{j=1,\ldots,d}\|x_j\|$
prox 作用素	$\left[\mathrm{prox}_\lambda^{\ell_1}(\boldsymbol{y})\right]_j=\begin{cases}(\lvert y_j\rvert-\lambda)\frac{y_j}{\lvert y_j\rvert}, & \lvert y_j\rvert>\lambda \text{ の場合}\\ 0, & \text{それ以外}\end{cases}$

定義 6.2（H 平滑）

関数 f が微分可能で，任意の $\boldsymbol{w}, \boldsymbol{w}' \in \mathbb{R}^d$ に関して

$$\|\nabla f(\boldsymbol{w}) - \nabla f(\boldsymbol{w}')\|_2 \leq H\|\boldsymbol{w} - \boldsymbol{w}'\|_2$$

を満たすとき，関数 f は H **平滑**（smooth）であるといいます．

関数 f が 2 階微分可能であれば，H 平滑であることは f のヘシアン行列の最大固有値が H で抑えられることと等価です．

定義 6.3（凸共役）

凸関数 $f : \mathbb{R}^d \to \mathbb{R} \cup \{+\infty\}$ の**凸共役** f^* を

$$f^*(\boldsymbol{y}) = \sup_{\boldsymbol{x} \in \mathbb{R}^d} (\langle \boldsymbol{y}, \boldsymbol{x} \rangle - f(\boldsymbol{x})) \tag{6.6}$$

と定義します．ただし，$f(\boldsymbol{x})$ は定義域の外側では $+\infty$ の値をとることにします．

定義式 (6.6) の右辺の最大化 (sup) の中の式は傾きが $\boldsymbol{x}$，切片が $-f(\boldsymbol{x})$ の超平面であり，凸共役 f^* はすべての $(\boldsymbol{x}, f(\boldsymbol{x}))$ で与えられる超平面の各点での最大値として定義されます（図 **6.3**）．

逆に任意の $(\boldsymbol{y}, f^*(\boldsymbol{y}))$ について，傾き $\boldsymbol{y}$，切片が $-f^*(\boldsymbol{y})$ の直線は

$$f(\boldsymbol{x}) \geq \langle \boldsymbol{y}, \boldsymbol{x} \rangle - f^*(\boldsymbol{y})$$

のように関数 f の下限を与えます．等号が成立するのは，凸関数 f が**閉関数**（関数 f のグラフの上側領域が閉集合）かつ有限の値をとる $\boldsymbol{x}$ がある場合です（通常の応用で扱う凸関数はこれらの性質を満たします）．このとき，$f^{**}(\boldsymbol{x}) = f(\boldsymbol{x})$ が成立します．

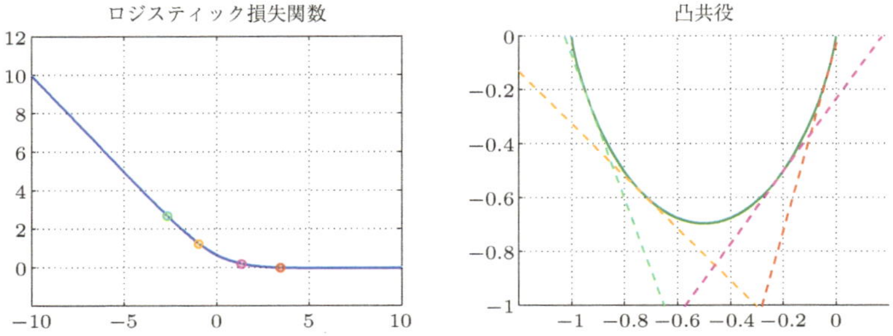

(a) ロジスティック損失関数 $f(x) = \log(1 + \exp(-x))$ とその凸共役 $f^*(y) = (-y)\log(-y) + (1 + y)\log(1 + y)$ を示します．f^* の定義域は区間 $[-1, 0]$ であることに注意してください．

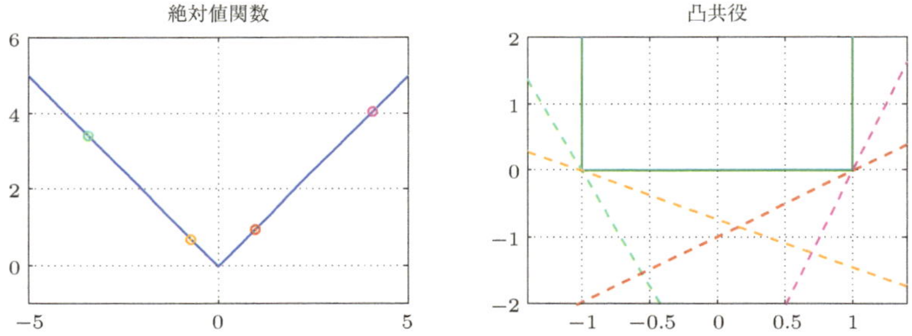

(b) 絶対値関数 $f(x) = |x|$ とその凸共役 $f^*(y)$ を示します．$f^*(y)$ は $|y| \leq 1$ であれば 0，それ以外の場合に無限大の値をとる関数（指示関数）です．

図 6.3 ロジスティック損失関数と絶対値関数の凸共役関数を示します．左図に 4 つの $(x, f(x))$ の組を丸印で示し，傾き x，切片 $-f(x)$ の対応する直線を右図の中に同色の破線で示します．凸関数とその凸共役を動的に可視化するプログラムを `https://github.com/ryotat/demo_conjugate` に公開しています．

6.3 繰り返し重み付き縮小法

補題 6.1 を用いると，最小化問題 (6.1) を $\boldsymbol{w}$ および $\boldsymbol{\eta}$ に関する同時最小化問題として，

$$\underset{\substack{\boldsymbol{w},\boldsymbol{\eta}\in\mathbb{R}^d,\\ \eta_j\geq 0}}{\text{minimize}} \quad \hat{L}(\boldsymbol{w}) + \frac{\lambda}{2}\sum_{j=1}^{d}\frac{w_j^2}{\eta_j} + \frac{\lambda}{2}\sum_{j=1}^{d}\eta_j \tag{6.7}$$

と書き換えることができます．はじめの 2 つの項だけをみると，**重み付きリッジ正則化**[*2] 項付き最小化問題です．重み η_j は補題 6.1 から，$\eta_j = |w_j|$ とおくことにより等号が達成されます．

以下のような最適化アルゴリズムが**繰り返し重み付き縮小法**（iteratively reweighted shrinkage）[7,30,37,64] として知られています．

1. すべての $j = 1, \ldots, d$ について $\eta_j^1 = 1$ と初期化します
2. 収束するまで以下を繰り返します

   (a) $\boldsymbol{w}^t$ の更新：

$$\boldsymbol{w}^t = \underset{\boldsymbol{w}\in\mathbb{R}^d}{\mathrm{argmin}}\left(\hat{L}(\boldsymbol{w}) + \frac{\lambda}{2}\sum_{j=1}^{d}\frac{w_j^2}{\eta_j^t}\right)$$

   (b) η_j^{t+1} の更新：

$$\eta_j^{t+1} = |w_j^t|, \qquad j = 1, \ldots, d$$

繰り返し重み付き縮小法は既存の $\hat{L}(\boldsymbol{w})$ に関するアルゴリズムが利用できて便利な反面，1 反復あたりの計算コストが大きいため，繰り返し回数が多くなると，不利です．また，η_j がゼロに近づくにつれて重み $1/\eta_j$ が発散するため，スパースな解を求めるのには適していません．しかし，機械学習の問題では，そこまで高い最適化の精度は必要ない場合が多く，実装の簡便さがこれらのデメリットを上回る場合もあるかもしれません．

6.4 近接勾配法およびその加速

二乗誤差関数やロジスティック損失関数のように，微分可能な誤差関数に対する最も一般的な最適化法は**近接勾配法**（proximal gradient method）で

*2 ℓ_2 ノルムの 2 乗 $\sum_{j=1}^{d} w_j^2$ はリッジ正則化項と呼ばれます．ここでは各変数が $1/\eta_j$ で重み付けされているので，重み付きリッジ正則化と呼んでいます．

す．この方法の特徴は微分可能な損失項と微分不可能な正則化項を区別して扱う点にあります．

アルゴリズムとしては，繰り返しアルゴリズムであり，適当な初期値 $\boldsymbol{w}^0$ から開始し，

$$\boldsymbol{w}^{t+1} = \underset{\boldsymbol{w}}{\operatorname{argmin}} \left(\langle \nabla \hat{L}(\boldsymbol{w}^t), \boldsymbol{w} - \boldsymbol{w}^t \rangle + \lambda \|\boldsymbol{w}\|_1 + \frac{1}{2\eta_t} \left\| \boldsymbol{w} - \boldsymbol{w}^t \right\|_2^2 \right) \tag{6.8}$$

のように更新を行います．ここで第 1 項は損失関数 $\hat{L}(\boldsymbol{w})$ を線形近似したものであり，第 3 項は**近接項** (proximity term) と呼ばれ，現在の点 $\boldsymbol{w}^t$ から離れるほど大きくなる項です．第 1 項と第 3 項をまとめることにより，この更新式は prox 作用素 (6.4) を用いて

$$\boldsymbol{w}^{t+1} = \operatorname{prox}_{\lambda\eta_t}^{\ell_1} \left(\boldsymbol{w}^t - \eta_t \nabla \hat{L}(\boldsymbol{w}^t) \right) \tag{6.9}$$

のように書きなおすことができます．定数 η_t は近接項の強さを決めるもので，上記更新式からは勾配ステップのステップサイズとみることもできます．

更新式 (6.9) の直感的な意味は，損失関数の勾配方向に 1 ステップ進んだのちに，prox 作用素を用いて正則化項の効果を取り込んでいるといえます（図 **6.5**(a)）．また，正則化項がゼロの場合，prox 作用素は恒等写像になるので，上記更新式は単純な勾配法に帰着します（図 **6.4**）．

損失項 $\hat{L}(\boldsymbol{w})$ が H 平滑（定義 6.2）のとき，パラメータ η_t が $1/H$ 以下であれば，線形項（第 1 項）と近接項（第 3 項）の和が損失項 $\hat{L}(\boldsymbol{w})$ の上界となり，更新式 (6.9) は，$\boldsymbol{w}^t$ が最適解でない限り，目的関数を単調に減少させます．一般に損失項のなめらかさを表す定数 H はデータ行列 $\boldsymbol{X}$ に依存し，あらかじめ仮定することができません．実際にはバックトラッキング [6]，あるいは Barzilai-Borwein 法 [87] のような工夫を用いてステップサイズを選ぶことが一般的です．

近接勾配法の収束の速さは Tseng [84], Nesterov [59], Beck と Teboulle [6] らによって調べられており，損失関数 $\hat{L}$ が強凸かつ H 平滑の場合，線形収束すること，損失関数が H 平滑だが強凸とは限らない場合，ステップ数を k として

$$f(\boldsymbol{w}^k) - f(\boldsymbol{w}^*) \leq \frac{H\|\boldsymbol{w}^0 - \boldsymbol{w}^*\|_2^2}{2k}$$

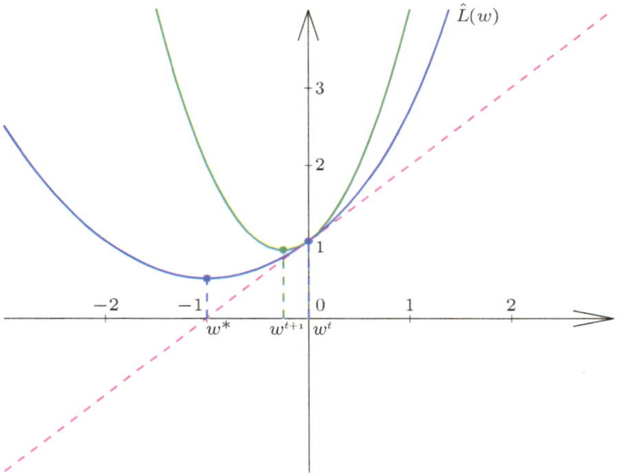

図 6.4 近接勾配法の更新式 (6.8) における線形項（第 1 項）と近接項（第 3 項）の解釈．青色の実線は損失関数 $\hat{L}(w)$ を表します．$w^t = 0$ における $\hat{L}(w)$ の線形近似を破線で表し，これに近接項を加えたものを緑色の実線で示します．$\hat{L}$ が H 平滑であれば，パラメータ $\eta_t \leq 1/H$ のとき，緑色の実線は $w^t = 0$ で損失関数に接し，それ以外の点で $L(w)$ の上界になります．正則化項がない場合 ($\lambda = 0$)，上界を最小化することにより更新式 (6.9) が得られます．

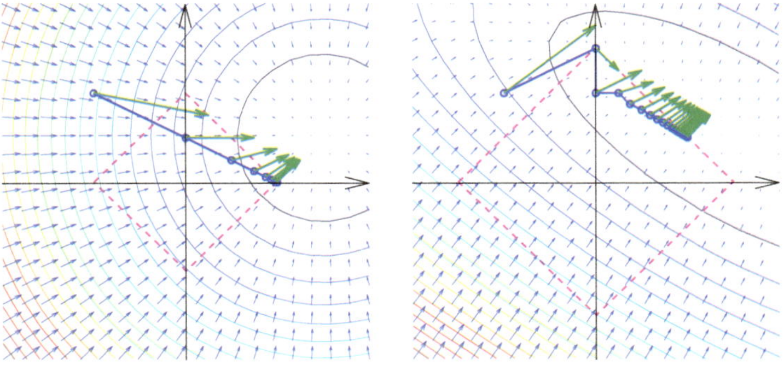

(a) 条件数のよい場合　(b) 条件数の悪い場合

図 6.5 近接勾配法の 2 次元における振る舞い．同心円（楕円）は損失項 $L(\boldsymbol{w})$ の等高線を示し，グリッド上の矢印は各点における勾配方向を表します．青の実線でつながれた系列は近接勾配法の生成する解 $\boldsymbol{w}^t$ を表し，緑色の矢印は各点 $\boldsymbol{w}^t$ における勾配方向を表します．

のように $O(1/k)$ で収束することが知られています．ここで，$f(\boldsymbol{w}^*)$ は目的関数の最適値，$\boldsymbol{w}^0$ は最適化をはじめる初期点です．またステップサイズは理想的に $\eta_t = 1/H$ としています．この結果は従来知られているなめらかな関数に対する勾配法の結果 [58] と同じであり，微分不可能な正則化項を損失項から区別して扱うことで，微分不可能な問題を微分可能な問題と同じように扱うことができるということを意味しています．ただし，この結果は prox 作用素を厳密に計算できることを前提にしている点に注意が必要です．prox 作用素の計算に誤差が含まれる場合は Combettes と Wajs [20], Schmidt ら [72] などで扱われています．

近接勾配法の魅力は上で述べた手法の単純さに留まりません．実は上で述べた $O(1/k)$ の収束レートは最適ではなく，**加速** (acceleration) というテクニックを使うことにより，最適な $O(1/k^2)$ を達成できることが知られています [6, 59]．

加速付き近接勾配法（accelerated proximal gradient method）の具体的なアルゴリズムを**アルゴリズム 6.1** に示します．アルゴリズムは理論的な解析から導出されているため，必ずしも直感的ではありませんが，上述の単純な近接勾配法とほぼ同じ計算コストで収束レートを改善できる点が大きな魅力です．

なお，近接勾配法という名称は主に最適化のコミュニティで使われる名称で，別名 forward-backward splitting [19, 20, 51] あるいは iterative-shrinkage thresholding (IST) algorithm [21, 30, 31] としても知られています．

アルゴリズム 6.1 加速付き近接勾配法 [6, 59]

1. $\boldsymbol{w}^0$ を適切に初期化し, $\boldsymbol{z}^1 = \boldsymbol{w}^0, s_1 = 1$ とします
2. 収束するまで以下を繰り返します
   (a) $\boldsymbol{w}^t$ の更新：
   $$\boldsymbol{w}^t = \mathrm{prox}_{\lambda\eta_t}^{\ell_1}\left(\boldsymbol{z}^t - \eta_t \nabla \hat{L}(\boldsymbol{z}^t)\right)$$
   (b) $\boldsymbol{z}^t$ の更新：
   $$\boldsymbol{z}^{t+1} = \boldsymbol{w}^t + \left(\frac{s_t - 1}{s_{t+1}}\right)(\boldsymbol{w}^t - \boldsymbol{w}^{t-1})$$
   ただし $s_{t+1} = \left(1 + \sqrt{1 + 4s_t^2}\right)/2$ とします

6.5 双対拡張ラグランジュ法

（加速付き）近接勾配法は勾配法をなめらかでない正則化項を持つ問題に拡張したものですが，そのために勾配法の持つ問題点も継承しています．例えば，図 6.5(b) に示すようにデータ行列 $\boldsymbol{X}$ の条件数が悪い場合，収束はかなり遅くなることがあります．機械学習では変数間に強い相関があることは一般的であり，条件数の悪い場合に強いことは最適化アルゴリズムとして重要です．

データ行列 $\boldsymbol{X}$ の性質が悪い場合を考えるためにはデータ行列と損失関数の性質を分離することが重要です．したがって，本節では最小化問題

$$\underset{\boldsymbol{w}\in\mathbb{R}^d}{\text{minimize}} \quad \underbrace{f_\ell(\boldsymbol{X}\boldsymbol{w}) + \lambda\|\boldsymbol{w}\|_1}_{=f(\boldsymbol{w})} \tag{6.10}$$

を考えます．ここで，$f_\ell : \mathbb{R}^n \to \mathbb{R}$ は損失関数で，二乗誤差

$$f_\ell(\boldsymbol{z}) = \frac{1}{2}\|\boldsymbol{z} - \boldsymbol{y}\|_2^2$$

や，ロジスティック損失

$$f_\ell(\boldsymbol{z}) = \sum_{i=1}^{n} \log\left(1 + e^{-y_i z_i}\right)$$

を考えることができます．

このような分離を行うと，フェンシェルの双対定理（**メモ 6.1** を参照）により最小化問題 (6.10) の双対問題は

$$\underset{\boldsymbol{\alpha}\in\mathbb{R}^n}{\text{maximize}} \quad -f_\ell^*(-\boldsymbol{\alpha}) - \delta_{\|\cdot\|_\infty \le \lambda}(\boldsymbol{X}^\top \boldsymbol{\alpha}) \tag{6.11}$$

のように得ることができます．ここで f_ℓ^* は誤差関数 f_ℓ の凸共役（定義 6.3 および**表 6.2** を参照）です．また，$\delta_{\|\cdot\|_\infty \le \lambda}$ は半径 λ の ℓ_∞ ノルム $\|\cdot\|_\infty$ 球の**指示関数**（indicator function）で

$$\delta_{\|\cdot\|_\infty \le \lambda}(\boldsymbol{v}) = \begin{cases} 0, & \|\boldsymbol{v}\|_\infty \le \lambda \\ +\infty, & \text{それ以外の場合} \end{cases} \tag{6.12}$$

のように定義されます（図 6.3(b) を参照）．この関数は正則化項 $\lambda\|\cdot\|_1$ の凸共役です．

双対拡張ラグランジュ (dual augmented Lagrangian, **DAL**) **法** [80, 83] は双対問題 (6.11) に対する拡張ラグランジュ法です．

双対問題 (6.11) に拡張ラグランジュ法を適用するには，まず，第 2 項の中にある線形演算を陽に制約として書きなおし，制約付き最小化問題

$$\begin{aligned} &\underset{\boldsymbol{\alpha}\in\mathbb{R}^n, \boldsymbol{v}\in\mathbb{R}^d}{\text{minimize}} && f_\ell^*(-\boldsymbol{\alpha}) + \delta_{\|\cdot\|_\infty \le \lambda}(\boldsymbol{v}) \\ &\text{subject to} && \boldsymbol{X}^\top \boldsymbol{\alpha} = \boldsymbol{v} \end{aligned} \tag{6.13}$$

に変換します．ここで，説明を簡単にするため，最大化問題 (6.11) を符号反転して最小化問題にしてあります．

次に，双対問題 (6.13) に対する拡張ラグランジュ法を導出するために，等価な最小化問題

表 6.2 機械学習でよく用いられる損失関数とその凸共役．定義域の外側では $+\infty$ の値をとることにします．

	損失関数 $f_\ell(\boldsymbol{z})$	凸共役 $f_\ell^*(-\boldsymbol{\alpha})$
二乗損失	$\frac{1}{2}\|\boldsymbol{y}-\boldsymbol{z}\|_2^2$	$\frac{1}{2}\|\boldsymbol{\alpha}\|_2^2 - \langle\boldsymbol{\alpha},\boldsymbol{y}\rangle$
Huber 損失	$\sum_{i=1}^m \begin{cases} \frac{1}{2}(y_i-z_i)^2 & (\lvert y_i-z_i\rvert \le \epsilon) \\ \epsilon\lvert y_i-z_i\rvert - \epsilon^2/2 & (\text{otherwise}) \end{cases}$	$\frac{1}{2}\|\boldsymbol{\alpha}\|_2^2 - \langle\boldsymbol{\alpha},\boldsymbol{y}\rangle$ $(-\epsilon \le \alpha_i \le \epsilon)$
ロジスティック損失	$\sum_{i=1}^m \log\left(1+\exp(-y_i z_i)\right)$	$\sum_{i=1}^m \big((\alpha_i y_i)\log(\alpha_i y_i) + (1-\alpha_i y_i)\log(1-\alpha_i y_i)\big)$ $(0 \le \alpha_i y_i \le 1)$
双曲線正割損失	$\sum_{i=1}^m \log\left(e^{y_i-z_i} + e^{-y_i+z_i}\right)$	$\frac{1}{2}\sum_{i=1}^m \big((1-\alpha_i)\log(1-\alpha_i) + (1+\alpha_i)\log(1+\alpha_i) - 2\alpha_i y_i\big)$ $(-1 \le \alpha_i \le 1)$

フェンシェルの双対定理（Fenchel's duality theorem）は，任意の閉凸関数 f, g と行列 $\boldsymbol{X} \in \mathbb{R}^{n \times d}$ に関して

$$\min_{\boldsymbol{w} \in \mathbb{R}^d} \left(f(\boldsymbol{X}\boldsymbol{w}) + g(\boldsymbol{w})\right) = \max_{\boldsymbol{\alpha} \in \mathbb{R}^n} \left(-f^*(-\boldsymbol{\alpha}) - g^*(\boldsymbol{X}^\top \boldsymbol{\alpha})\right)$$

が成立し，最適解 $\boldsymbol{w}^*, \boldsymbol{\alpha}^*$ に関して，

$$\boldsymbol{w}^* \in \partial g^*(\boldsymbol{X}^\top \boldsymbol{\alpha}^*), \qquad \boldsymbol{\alpha}^* \in -\partial f(\boldsymbol{X}\boldsymbol{w}^*)$$

が成立するというものです．右辺は最大化問題であり，**双対問題**（dual problem）と呼ばれます．これに対して左辺の最小化問題を**主問題**（primal problem）と呼びます．f, g が閉凸関数であれば，$f^{**} = f$，$g^{**} = g$ が成立するため，双対問題の双対問題は主問題であり，どちらが主でどちらが双対であるかはあくまでも主観的なものです．ただし，6.5 節でみるように，双対問題を解く方が主問題を解くよりも効率的な場合があります．また，双対問題の目的関数の値が得られれば，主問題の最適値の下限が得られます．

定理の証明は難しくなく，左辺の最小化問題にラグランジュ乗数 $\boldsymbol{\alpha} \in \mathbb{R}^n$ を導入して，ラグランジュ関数

$$\mathcal{L}(\boldsymbol{w}, \boldsymbol{z}, \boldsymbol{\alpha}) = f(\boldsymbol{z}) + g(\boldsymbol{w}) + \boldsymbol{\alpha}^\top (\boldsymbol{z} - \boldsymbol{X}\boldsymbol{w})$$

を $\boldsymbol{w} \in \mathbb{R}^d$, $\boldsymbol{z} \in \mathbb{R}^n$ に関して（独立に）最小化することにより示すことができます．さまざまな関数の凸共役を覚えておくことで，双対問題を機械的に導出できる点がこの定理の魅力です．

メモ 6.1 フェンシェルの双対定理 [68]

$$\underset{\boldsymbol{\alpha} \in \mathbb{R}^n, \boldsymbol{v} \in \mathbb{R}^d}{\text{minimize}} \quad f_\ell^*(-\boldsymbol{\alpha}) + \delta_{\|\cdot\|_\infty \le \lambda}(\boldsymbol{v}) + \frac{\eta}{2} \left\| \boldsymbol{X}^\top \boldsymbol{\alpha} - \boldsymbol{v} \right\|_2^2 \tag{6.14}$$

$$\text{subject to} \quad \boldsymbol{X}^\top \boldsymbol{\alpha} = \boldsymbol{v} \tag{6.15}$$

を考えます．新しい目的関数は (6.13) に線形制約 (6.15) からの逸脱に対する罰則項を加えたものです．制約が満たされる限り罰則項はゼロであるため，この最小化問題は双対問題 (6.13) と同じ解を持ちます．

以上の準備のもとで，線形制約付き最小化問題 (6.13) に対する**拡張ラグランジュ関数**（augmented Lagrangian function）は，罰則項付き最小化問題 (6.14) に対するラグランジュ関数として

$$\mathcal{L}_\eta(\boldsymbol{\alpha}, \boldsymbol{v}, \boldsymbol{w}) = f_\ell^*(-\boldsymbol{\alpha}) + \delta_{\|\cdot\|_\infty \le \lambda}(\boldsymbol{v}) + \boldsymbol{w}^\top(\boldsymbol{X}^\top\boldsymbol{\alpha} - \boldsymbol{v}) + \frac{\eta}{2}\left\|\boldsymbol{X}^\top\boldsymbol{\alpha} - \boldsymbol{v}\right\|_2^2 \tag{6.16}$$

のように定義されます（メモ **6.2** を参照）．ここで第 1 項，第 2 項，第 4 項は罰則項付き最小化問題 (6.14) と同じであり，第 3 項は線形制約 (6.15) に関するラグランジュ乗数項です．ここで，ラグランジュ乗数 $\boldsymbol{w} \in \mathbb{R}^d$ に主問題 (6.10) の変数と同じ記号を用いたのは，まさに双対問題に関するラグランジュ乗数が主問題の変数と一致するためです．これは $\eta = 0$ の場合に関数 (6.16) を $\boldsymbol{\alpha}$ と $\boldsymbol{v}$ に関して最小化することにより示すことができます．

双対拡張ラグランジュ関数 (6.16) の鞍点

$$\max_{\boldsymbol{w} \in \mathbb{R}^d} \min_{\boldsymbol{\alpha} \in \mathbb{R}^n, \boldsymbol{v} \in \mathbb{R}^d} \mathcal{L}_\eta(\boldsymbol{\alpha}, \boldsymbol{v}, \boldsymbol{w})$$

を見つけることで主問題 (6.10) および双対問題 (6.13) の解が得られます．その理由は，双対問題に罰則項を加えた最小化問題 (6.14) が双対問題 (6.13) と等価であり，拡張ラグランジュ関数 (6.16) は罰則項付き最小化問題 (6.14) に対する普通のラグランジュ関数だからです．

拡張ラグランジュ関数 (6.16) の鞍点は双対変数 $\boldsymbol{\alpha}, \boldsymbol{v}$ に関する最小化

$$(\boldsymbol{\alpha}^{t+1}, \boldsymbol{v}^{t+1}) = \operatorname*{argmin}_{\boldsymbol{\alpha} \in \mathbb{R}^n, \boldsymbol{v} \in \mathbb{R}^d} \mathcal{L}_\eta(\boldsymbol{\alpha}, \boldsymbol{v}, \boldsymbol{w}^t) \tag{6.17}$$

と，それに基づくラグランジュ乗数 $\boldsymbol{w}^t$ の更新

$$\boldsymbol{w}^{t+1} = \boldsymbol{w}^t + \eta(\boldsymbol{X}^\top\boldsymbol{\alpha}^{t+1} - \boldsymbol{v}^{t+1}) \tag{6.18}$$

を交互に繰り返すことで得られます．ここで，$\boldsymbol{w}^t$ と $(\boldsymbol{\alpha}^t, \boldsymbol{v}^t)$ はそれぞれ主変数と双対変数ですので，主変数と双対変数を交互に更新しているとみることもできます．これを**拡張ラグランジュ法**（augmented Lagrangian method）[39,63] と呼びます．

ラグランジュ乗数 $\boldsymbol{w}^t$ の更新 (6.18) は関数

$$g_\eta(\boldsymbol{w}) = \min_{\boldsymbol{\alpha}, \boldsymbol{v}} \mathcal{L}_\eta(\boldsymbol{\alpha}, \boldsymbol{v}, \boldsymbol{w}) \tag{6.21}$$

に関する勾配上昇法とみることができます．このとき，関数 g_η は $1/\eta$ 平滑であること（定義 6.2）がいえるため，ステップ幅 η は安全です（図 6.4 を

線形制約付き最小化問題

$$\underset{\boldsymbol{w}\in\mathbb{R}^d}{\text{minimize}} \quad f(\boldsymbol{w}) \quad \text{subject to} \quad \boldsymbol{A}\boldsymbol{w}=\boldsymbol{b} \tag{6.19}$$

（ただし行列 $\boldsymbol{A}\in\mathbb{R}^{n\times d}$）に関する**ラグランジュ関数**（Lagrangian function）は

$$\mathcal{L}(\boldsymbol{w},\boldsymbol{\alpha})=f(\boldsymbol{w})+\boldsymbol{\alpha}^\top(\boldsymbol{A}\boldsymbol{w}-\boldsymbol{b})$$

と定義されます．変数 $\boldsymbol{\alpha}\in\mathbb{R}^n$ は**ラグランジュ乗数**（Lagrangian multiplier）と呼ばれます．ラグランジュ関数 $\mathcal{L}$ は，満たされない制約が 1 つでもあるとき，$\text{sign}(\boldsymbol{\alpha})=\text{sign}(\boldsymbol{A}\boldsymbol{w}-\boldsymbol{b})$，$\|\boldsymbol{\alpha}\|_2\to\infty$ とすることで，ラグランジュ関数を限りなく大きくすることができるので，制約なし最小化問題

$$\underset{\boldsymbol{w}\in\mathbb{R}^d}{\text{minimize}}\ \max_{\boldsymbol{\alpha}\in\mathbb{R}^n}\mathcal{L}(\boldsymbol{w},\boldsymbol{\alpha})$$

はもとの最小化問題 (6.19) と等価です．一方，一般に

$$\max_{\boldsymbol{\alpha}\in\mathbb{R}^n}\min_{\boldsymbol{w}\in\mathbb{R}^d}\mathcal{L}(\boldsymbol{w},\boldsymbol{\alpha})\leq\min_{\boldsymbol{w}\in\mathbb{R}^d}\max_{\boldsymbol{\alpha}\in\mathbb{R}^n}\mathcal{L}(\boldsymbol{w},\boldsymbol{\alpha})$$

が成立するため，関数 g を $g(\boldsymbol{\alpha})=\min_{\boldsymbol{w}\in\mathbb{R}^d}\mathcal{L}(\boldsymbol{w},\boldsymbol{\alpha})$ と定義すると，最大化問題

$$\underset{\boldsymbol{\alpha}\in\mathbb{R}^n}{\text{maximize}} \quad g(\boldsymbol{\alpha}) \tag{6.20}$$

（**双対問題**（dual problem）と呼ばれます）の解は制約付き最小化問題 (6.19) の下限を与えます（**弱双対性**（weak duality））．

最小化問題 (6.19) と最大化問題 (6.20) の最適値が一致するとき，**強双対性**（strong duality）が成り立つといいます．最小化問題 (6.19) の場合，$f(\boldsymbol{w})$ の値が有限かつ線形制約を満たす $\boldsymbol{w}$ が存在すれば，強双対性が成立します．

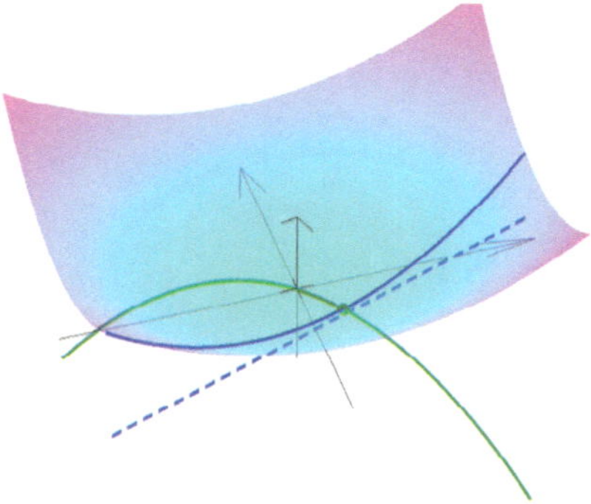

図 6.6 目的関数 $f(w_1,w_2)=\frac{1}{2}(w_1^2+w_2^2)$，制約 $w_1-2w_2-2=0$ に関する双対問題を図示します．制約を青色の破線で，制約を満たす (w_1,w_2) に対する目的関数の値を青色の実線で示します．緑色の実線は双対問題の目的関数 $g(\alpha)=-5/2\alpha^2-2\alpha$ を示し，緑色の丸印は主問題と双対問題の最適値を示します．

メモ 6.2 ラグランジュ関数

参照).

双対変数 $\boldsymbol{\alpha}, \boldsymbol{v}$ に関する最小化 (6.17) をどのように行うかによってさまざまな手法が得られます．例えば，$\boldsymbol{\alpha}^t$ と $\boldsymbol{v}^t$ に関して 1 回ずつ最小化するだけで済ませてしまうと**双対交互方向乗数法**が得られます（6.6 節を参照).

一方，双対変数 $\boldsymbol{v}$ に関して解析的に式 (6.17) を最小化した関数

$$\varphi_t(\boldsymbol{\alpha}) = f_\ell^*(-\boldsymbol{\alpha}) + \frac{1}{2\eta_t}\left\|\mathrm{prox}_{\lambda\eta_t}^{\ell_1}\left(\boldsymbol{w}^t + \eta_t \boldsymbol{X}^\top \boldsymbol{\alpha}\right)\right\|_2^2 \tag{6.22}$$

を $\boldsymbol{\alpha}$ に関して数値的に最小化することで $\boldsymbol{\alpha}^t$ と $\boldsymbol{w}^t$ を交互に更新するアルゴリズムが得られます．これを**アルゴリズム 6.2** に示します．式 (6.22) の導出は 6.5.1 項を参照してください．

アルゴリズム 6.2 双対拡張ラグランジュ法 (DAL 法)

1. $\boldsymbol{w}^0$ を適当に初期化し，$\eta_0 = 0.01/\lambda$, $\eta_t = 2^t\eta_1$ とします
2. 収束するまで以下を繰り返します
   (a) 拡張ラグランジュ関数 $\varphi_t(\boldsymbol{\alpha})$ を停止基準

$$\|\nabla\varphi(\boldsymbol{\alpha}^t)\| \le \sqrt{\frac{\gamma}{\eta_t}}\left\|\mathrm{prox}_{\lambda\eta_t}^{\ell_1}\left(\boldsymbol{w}^t + \eta_t \boldsymbol{X}^\top \boldsymbol{\alpha}\right) - \boldsymbol{w}^t\right\|_2^2 \tag{6.23}$$

   が満たされるまで近似的に最小化し，この解を $\boldsymbol{\alpha}^{t+1}$ とします．ただし，$1/\gamma$ は関数 f_ℓ のなめらかさに関する定数です（定義 6.2）
   (b) $\boldsymbol{w}^t$ を

$$\boldsymbol{w}^{t+1} = \mathrm{prox}_{\lambda\eta_t}^{\ell_1}\left(\boldsymbol{w}^t + \eta_t \boldsymbol{X}^\top \boldsymbol{\alpha}^{t+1}\right) \tag{6.24}$$

   のように更新します

上記アルゴリズムでは各反復で式 (6.22) に定義する関数 $\varphi_t(\boldsymbol{\alpha})$ を最小化しています．この関数は，損失関数の凸共役 f_ℓ^* にソフト閾値関数（図 6.2）の 2 乗を加えたものです．ソフト閾値関数の 2 乗は**図 6.7** に示すようになめらかな関数です．したがって，この関数は共役勾配法や擬似ニュートン法な

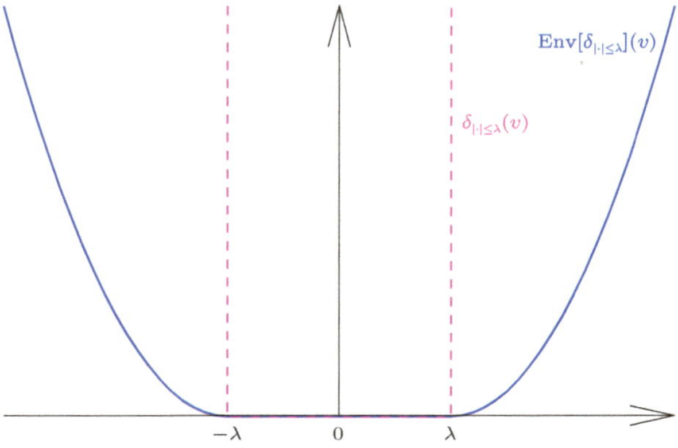

図 6.7　ソフト閾値関数の 2 乗（実線）は，ℓ_1 ノルムの凸共役 $\delta_{\|\cdot\|_\infty\leq\lambda}(\boldsymbol{v})$（破線）のモーロー包絡関数です（メモ **6.3** を参照）．

どの手法で比較的容易に最小化することができます．また，その際，厳密に最小化する必要はなく，式 (6.23) の基準が満たされるまで $\boldsymbol{\alpha}^t$ を更新すれば，収束性が理論的に保証されます．

さらに，内部目的関数 $\varphi_t(\boldsymbol{\alpha})$ の微分およびヘシアンは

$$\nabla\varphi_t(\boldsymbol{\alpha}) = -\nabla f_\ell^*(-\boldsymbol{\alpha}) + \boldsymbol{X}\boldsymbol{w}^{t+1}(\boldsymbol{\alpha}),$$
$$\nabla^2\varphi_t(\boldsymbol{\alpha}) = \nabla^2 f_\ell^*(-\boldsymbol{\alpha}) + \eta_t \boldsymbol{X}_+ \boldsymbol{X}_+{}^\top$$

のように得られます．ただし，$\boldsymbol{w}^{t+1}(\boldsymbol{\alpha}) = \mathrm{prox}_{\lambda\eta_t}^{\ell_1}(\boldsymbol{w}^t + \eta_t\boldsymbol{X}^\top\boldsymbol{\alpha})$ とおきました．ここで，$\boldsymbol{X}_+$ はソフト閾値関数 $\boldsymbol{w}^{t+1}(\boldsymbol{\alpha})$ の非ゼロ係数に対応する列のみを集めた $\boldsymbol{X}$ の部分行列です．したがって，$\varphi_t(\boldsymbol{\alpha})$ の微分およびヘシアンの計算はどちらもデータ行列 $\boldsymbol{X}$ の少数の列のみに依存するため，$\boldsymbol{w}^{t+1}(\boldsymbol{\alpha})$ がスパースであればスパースであるほど，計算は効率的になることがわかります．

図 **6.8** に近接勾配法と双対拡張ラグランジュ法の 2 次元での挙動を条件数を少しずつ変えながら比較します．条件数が悪くなるにつれて，近接勾配法は更新方向と進むべき方向が直交に近くなってしまい，多くの反復が必要になってしまうのに対し，双対拡張ラグランジュ法は条件数の悪い場合でも少

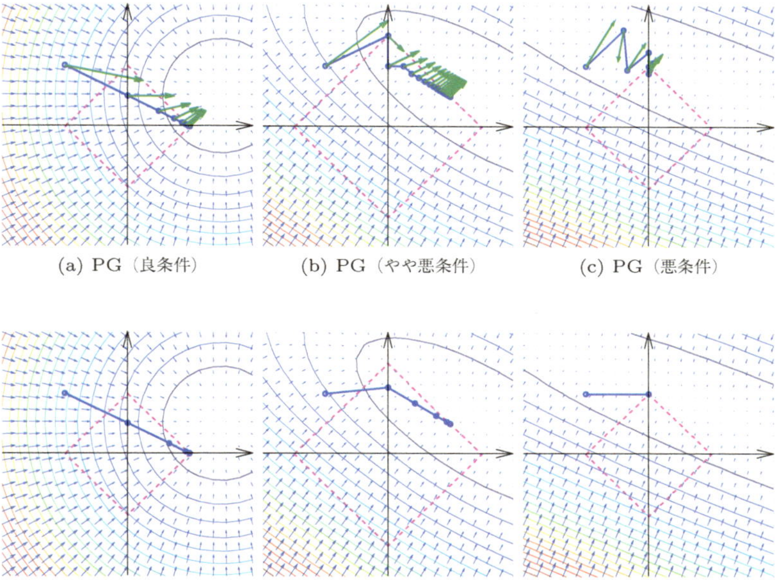

(a) PG（良条件） (b) PG（やや悪条件） (c) PG（悪条件）

(d) DAL（良条件） (e) DAL（やや悪条件） (f) DAL（悪条件）

図 6.8 近接勾配法 (PG) と双対拡張ラグランジュ法 (DAL) の 2 次元での挙動

ない反復で最小解を見つけることができます．ただし，1 反復あたりの計算量は双対拡張ラグランジュ法の方が近接勾配法よりも多いため，反復数だけでの比較はあまり意味がありません（6.7 節を参照）．

最後に収束を判定する方法（停止基準）について述べます．メモ 6.2 で述べたように，主問題が最小化問題の場合，双対問題の目的関数 $g(\boldsymbol{\alpha})$ は主問題の最適値 $f(\boldsymbol{w}^*)$ の下限を与えます．したがって，主問題の目的関数 $f(\boldsymbol{w})$ と双対問題の目的関数 $g(\boldsymbol{\alpha})$ の差は

$$f(\boldsymbol{w}) - f(\boldsymbol{w}^*) \leq f(\boldsymbol{w}) - g(\boldsymbol{\alpha}) \tag{6.25}$$

のように主問題の目的関数 $f(\boldsymbol{w})$ の最適性の上限を与えます．不等式 (6.25) の右辺を（絶対）**双対ギャップ**（duality gap）と呼びます．

絶対双対ギャップは，主問題と双対問題の目的関数値が計算できればただ

ちに計算できるため，収束性の判定基準として有効です．ただし，最適値の大小に影響されるため，例えば最適値が 100 の最小化問題に対して絶対双対ギャップが 0.01 以下になったときに最適化を停止するのと，最適値が 0.001 の最小化問題に対して同じ基準で最適化を停止するのとでは，基準の厳密さが大きく異なる可能性があります．

そこで，主変数 $\boldsymbol{w}^t$，双対変数 $\boldsymbol{\alpha}^t$ に対する相対双対ギャップを

$$\left(f(\boldsymbol{w}^t) - g(\boldsymbol{\alpha}^t)\right) / f(\boldsymbol{w}^t)$$

と定義し，相対双対ギャップが一定値（例えば 0.001）以下になったときに最適化を停止することにします．このように正規化することにより，最適値がどのような大きさであっても相対的に同じ程度の精度の解を求めることができます．

双対拡張ラグランジュ法（アルゴリズム 6.2）において相対双対ギャップを計算するには，各反復で得られる $\boldsymbol{\alpha}^t$ がそのままでは双対問題の制約 $\|\boldsymbol{X}^\top \boldsymbol{\alpha}^t\|_\infty \leq \lambda$（式 (6.12) を参照）を満たさないため，少し工夫をする必要があります．具体的には，$\boldsymbol{u}^t = \boldsymbol{X}^\top \boldsymbol{\alpha}^t$ として，

$$\tilde{\boldsymbol{\alpha}}^t = \min\left(1, \lambda / \|\boldsymbol{u}^t\|_\infty\right) \cdot \boldsymbol{\alpha}^t$$

と定義し，相対双対ギャップを

$$\left(f(\boldsymbol{w}^t) - g(\tilde{\boldsymbol{\alpha}}^t)\right) / f(\boldsymbol{w}^t) \tag{6.26}$$

のように評価します．

6.5.1 式 (6.22) の導出

双対変数 $\boldsymbol{v}, \boldsymbol{\alpha}$ に無関係な項を整理することで

$$\min_{\boldsymbol{v} \in \mathbb{R}^d} \mathcal{L}_\eta(\boldsymbol{\alpha}, \boldsymbol{v}, \boldsymbol{w}^t) = \min_{\boldsymbol{v} \in \mathbb{R}^d} \frac{1}{2\eta} \|\eta \boldsymbol{v} - \hat{\boldsymbol{w}}^t\|_2^2 + \delta_{\|\boldsymbol{v}\|_\infty \leq \lambda}(\boldsymbol{v}) + \text{const.} \tag{6.27}$$

が得られます．ただし，$\hat{\boldsymbol{w}}^t = \boldsymbol{w}^t + \eta \boldsymbol{X}^\top \boldsymbol{\alpha}$ とおき，const. は $\eta, \boldsymbol{\alpha}, \boldsymbol{w}^t$ のみに依存し，$\boldsymbol{v}$ には依存しない項です．上の目的関数を最小化する $\boldsymbol{v}$ は指示関数 $\delta_{\|\cdot\|_\infty \leq \lambda\eta}$ に関する prox 作用素の定義に等しく，最小値は（定数を除いて）指示関数のモーロー包絡関数（**メモ 6.3** を参照）に一致します．

目的関数および制約は変数ごとに分離しているため，変数ごとに最小化す

一般に凸関数 $g(\boldsymbol{w})$ に対して，

$$\mathsf{Env}[g](\boldsymbol{y}) = \min_{\boldsymbol{w}\in\mathbb{R}^d}\left(\frac{1}{2}\|\boldsymbol{y}-\boldsymbol{w}\|_2^2 + g(\boldsymbol{w})\right) \tag{6.28}$$

を関数 g の**モーロー包絡関数**（Moreau's envelope function）と呼びます．式 (6.3) に定義する prox 作用素が上の最小化の解であるのに対し，モーロー包絡関数は最小値であることに注意してください．モーロー包絡関数は関数 g をなめらかにしたものだと捉えることができます．実際，$\mathsf{Env}[g]$ は 1 スムーズであることが証明できます．特に，指示関数 $\delta_{\|\cdot\|_\infty\leq\lambda}$ のように無限大をとりうる関数でも，包絡関数は有限の $\boldsymbol{w}$ に対しては有限の値をとります（図 **6.9**）．

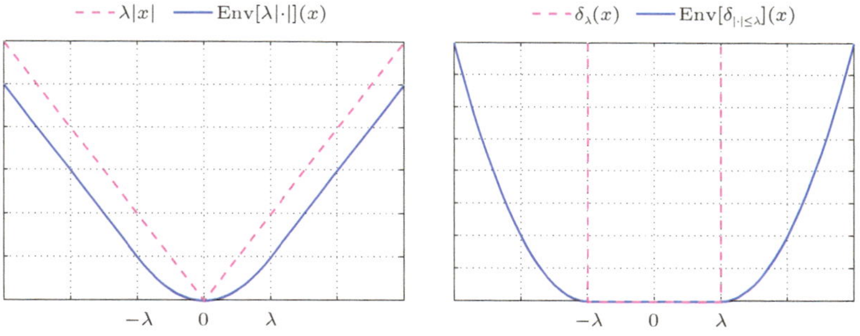

図 6.9 絶対値関数 $\lambda|x|$（左）と指示関数 $\delta_{|\cdot|\leq\lambda}(x)$（右）に対してそれぞれモーロー包絡関数を示します．

メモ 6.3 モーロー包絡関数

ることができて，

$$\eta\boldsymbol{v}^{t+1} = \mathrm{clip}_{\lambda\eta}^{\ell_1}\left(\hat{\boldsymbol{w}}^t\right) \tag{6.29}$$

ただし

$$\left[\mathrm{clip}_\lambda^{\ell_1}(\boldsymbol{y})\right]_j = \begin{cases} -\lambda, & y_j < -\lambda \text{ の場合}, \\ y_j, & -\lambda \leq y_j \leq \lambda \text{ の場合}, \\ \lambda, & y_j > \lambda \text{ の場合}, \end{cases}$$

$$(j = 1, \ldots, d) \tag{6.30}$$

を得ます．このとき，式 (6.4) と式 (6.30) を比較することにより，

一般に閉凸関数 g とその凸共役 g^* のそれぞれに関する prox 作用素を prox_g, prox_{g^*} とすると，**モーローの定理**（Moreau's theorem）として知られる

$$\mathrm{prox}_g(\boldsymbol{y}) + \mathrm{prox}_{g^*}(\boldsymbol{y}) = \boldsymbol{y}$$

が成立します [68]．6.5.1 項の導出はこの定理の $g(\boldsymbol{w}) = \delta_{\|\cdot\|_\infty \le \lambda}(\boldsymbol{w})$，$g^*(\boldsymbol{w}) = \lambda\|\boldsymbol{w}\|_1$ の場合に対応します．

メモ 6.4 モーローの定理

$$\hat{\boldsymbol{w}}^t - \eta \boldsymbol{v}^{t+1} = \mathrm{prox}_{\lambda\eta}^{\ell_1}(\hat{\boldsymbol{w}}^t)$$

が得られます．これを式 (6.27) に代入することで，式 (6.22) を得ます．

より一般には g_C が閉凸集合 C の指示関数のとき，モーロー包絡関数

$$\mathsf{Env}[g_C](\boldsymbol{y}) = \frac{1}{2}\|\mathrm{prox}_{g_C^*}(\boldsymbol{y})\|_2^2$$

と書くことができます．（メモ **6.3**, **6.4** を参照）．集合 C の指示関数の凸共役を集合 C のサポート関数と呼びます．例えば，ℓ_1 ノルムは ℓ_∞ ノルム単位球のサポート関数です．

6.6 双対交互方向乗数法

6.5 節では双対問題に対する拡張ラグランジュ法を考えました．最も基本的な拡張ラグランジュ法は各ステップで拡張ラグランジュ関数 $\mathcal{L}_\eta(\boldsymbol{\alpha}, \boldsymbol{v}, \boldsymbol{w})$ を（有限の）高い精度で最小化する必要があります．本節では拡張ラグランジュ関数の最小化を $\boldsymbol{\alpha}^t$ と $\boldsymbol{v}^t$ に関して 1 回ずつ交互に行う**交互方向乗数法**（alternating direction method of multipliers, ADMM）を紹介します．

この方法の利点は，第一に損失が二乗損失の場合，各反復で線形方程式を解くことになりますが，その際に必要になるコレスキー分解をあらかじめ計算しておくことができる点であり，第二に一般に最小化問題 (6.10) を対象とするアルゴリズムは正則化パラメータ λ がゼロに近づくほど効率が悪くなりますが（例えば近接勾配法の更新式 (6.9) で $\lambda \to 0$ とすると得られるのは損失関数 $\hat{L}$ に対する勾配法であり，制約付きノルム最小化問題 (6.2) に対するアルゴリズムは得られません），正則化パラメータ λ を正則化項の前ではな

く損失項の前に付けた問題に対する交互方向乗数法は，$\lambda \to 0$ の極限でノルム最小化問題 (6.2) のアルゴリズムに収束するという性質を持っています．

より具体的には，主問題の目的関数 (6.10) 全体を λ で割った

$$\underset{\boldsymbol{w}\in\mathbb{R}^d}{\text{minimize}} \quad \frac{1}{\lambda} f_\ell(\boldsymbol{X}\boldsymbol{w}) + \|\boldsymbol{w}\|_1 \tag{6.31}$$

を考えます．λ は正の定数なので，この変換で最小解は不変です．最小化問題 (6.31) に対する双対問題は

$$\begin{aligned}
&\underset{\boldsymbol{\alpha}\in\mathbb{R}^n, \boldsymbol{v}\in\mathbb{R}^d}{\text{minimize}} && \frac{1}{\lambda} f_\ell^*(-\lambda\boldsymbol{\alpha}) + \delta_{\|\cdot\|_\infty \leq 1}(\boldsymbol{v}) \\
&\text{subject to} && \boldsymbol{X}^\top \boldsymbol{\alpha} = \boldsymbol{v}
\end{aligned}$$

のように書くことができます．ここで，式 (6.13) と同様に，補助変数 $\boldsymbol{v} \in \mathbb{R}^d$ を導入して線形演算を陽に制約式として表現した上で符号を反転して最小化問題にしてあります．指示関数 δ の条件が $\|\boldsymbol{v}\|_\infty \leq 1$ であることに注意してください．

特に二乗誤差 $f_\ell(\boldsymbol{z}) = \frac{1}{2}\|\boldsymbol{y} - \boldsymbol{z}\|_2^2$ の場合，双対問題は

$$\begin{aligned}
&\underset{\boldsymbol{\alpha}\in\mathbb{R}^n, \boldsymbol{v}\in\mathbb{R}^d}{\text{minimize}} && \frac{\lambda}{2}\|\boldsymbol{\alpha}\|_2^2 - \boldsymbol{\alpha}^\top \boldsymbol{y} + \delta_{\|\cdot\|_\infty \leq 1}(\boldsymbol{v}) \\
&\text{subject to} && \boldsymbol{X}^\top \boldsymbol{\alpha} = \boldsymbol{v}
\end{aligned} \tag{6.32}$$

となり，$\lambda \to 0$ の極限で制約付きノルム最小化問題

$$\underset{\boldsymbol{w}\in\mathbb{R}^d}{\text{minimize}} \quad \|\boldsymbol{w}\|_1 \quad \text{subject to} \quad \boldsymbol{X}\boldsymbol{w} = \boldsymbol{y}$$

の双対問題と一致します．

双対問題 (6.32) に関する拡張ラグランジュ関数 $\mathcal{L}_\eta(\boldsymbol{\alpha}, \boldsymbol{v}, \boldsymbol{w})$ は

$$\mathcal{L}_\eta(\boldsymbol{\alpha}, \boldsymbol{v}, \boldsymbol{w}) = \frac{1}{\lambda} f_\ell^*(-\lambda\boldsymbol{\alpha}) + \delta_{\|\cdot\|_\infty \leq 1}(\boldsymbol{v}) + \boldsymbol{w}^\top \left(\boldsymbol{X}^\top \boldsymbol{\alpha} - \boldsymbol{v}\right) + \frac{\eta}{2}\left\|\boldsymbol{X}^\top \boldsymbol{\alpha} - \boldsymbol{v}\right\|_2^2 \tag{6.33}$$

と書くことができます．

6.5 節で紹介した基本的な拡張ラグランジュ法は，拡張ラグランジュ関数 $\mathcal{L}_\eta(\boldsymbol{\alpha}, \boldsymbol{v}, \boldsymbol{w}^t)$ を $\boldsymbol{\alpha}$ と $\boldsymbol{v}$ に関して同時に最小化する $\boldsymbol{\alpha}^t$ と $\boldsymbol{v}^t$ を用いて $\boldsymbol{w}^t$ を更新しました．一方，交互方向乗数法はその名前が示すように，$\boldsymbol{\alpha}$ と $\boldsymbol{v}$ に関

して交互に（他方を固定したもとで）最小化します．この更新式は

$$\boldsymbol{\alpha}^{t+1} = \mathop{\mathrm{argmin}}_{\boldsymbol{\alpha} \in \mathbb{R}^n} \mathcal{L}_\eta(\boldsymbol{\alpha}, \boldsymbol{v}^t, \boldsymbol{w}^t) \tag{6.34}$$

$$\boldsymbol{v}^{t+1} = \mathop{\mathrm{argmin}}_{\boldsymbol{v} \in \mathbb{R}^d} \mathcal{L}_\eta(\boldsymbol{\alpha}^{t+1}, \boldsymbol{v}, \boldsymbol{w}^t) \tag{6.35}$$

$$\boldsymbol{w}^{t+1} = \boldsymbol{w}^t + \eta \left(\boldsymbol{X}^\top \boldsymbol{\alpha}^{t+1} - \boldsymbol{v}^{t+1} \right) \tag{6.36}$$

と書くことができます．ラグランジュ乗数 $\boldsymbol{w}^t$ に関する更新式は前節の DAL 法の更新式と同じです．双対変数 $\boldsymbol{\alpha}^t$，$\boldsymbol{v}^t$ に関する更新式は，$\boldsymbol{v}^t$ を固定したもとで $\boldsymbol{\alpha}^t$ を更新し，その新しい値 $\boldsymbol{\alpha}^{t+1}$ を用いて $\boldsymbol{v}^t$ を更新します．このような更新方法は連立 1 次方程式を解くためのガウス・サイデル法にちなんで，ガウス・サイデル的な更新と呼ばれます．

拡張ラグランジュ法と違い，交互方向乗数法は $\boldsymbol{\alpha}$ と $\boldsymbol{v}$ に関して厳密に最小化しないまま $\boldsymbol{w}^t$ に関する更新式を行うために，式 (6.21) に定義した g_η に関する勾配上昇法とみることはできません．それにも関わらず，交互方向乗数法がパラメータ η の値に（少なくとも理論的には）無関係に収束するのは一見不思議です．この点に関して，Eckstein と Bertsekas [29] によって交互方向乗数法は**近接点法** (proximal point algorithm [69]) の一種であるためであるという説明が与えられています．また，最近の総説としては Boyd ら [8] によるものがあります．

双対変数 $\boldsymbol{v}^t$ に関する更新式 (6.35) は，

$$\eta \boldsymbol{v}^{t+1} = \mathrm{clip}_\eta^{\ell_1} \left(\boldsymbol{w}^t + \eta \boldsymbol{X}^\top \boldsymbol{\alpha}^{t+1} \right)$$

となり（式 (6.30) を参照），これとラグランジュ乗数に関する更新式 (6.36) をあわせることにより，

$$\boldsymbol{w}^{t+1} = \mathrm{prox}_\eta^{\ell_1} \left(\boldsymbol{w}^t + \eta \boldsymbol{X}^\top \boldsymbol{\alpha}^{t+1} \right)$$

を得ます（メモ 6.4 を参照）．

一方，$\boldsymbol{\alpha}^t$ に関する更新式 (6.34) は一般に非線形最小化となり，各ステップで固定した $\boldsymbol{v}^t$ に対して高い精度で $\boldsymbol{\alpha}$ に関して最小化を行うのは，$\boldsymbol{v}$ も含めて同時に最小化する DAL 法に対してメリットがありません．一般に同時最小化を行う DAL 法の方が少ないステップ数で収束するからです．

$\boldsymbol{\alpha}$ に関する近似最小化としては，**線形化**（linearization）が 1 つの方法で

す．拡張ラグランジュ関数(6.33)において，第1項は，$\boldsymbol{\alpha}$ の要素ごとに分離しているため，近接勾配法（6.4節を参照）における正則化項と解釈し，第3項と第4項は微分可能なため，近接勾配法における損失項と解釈できます．なお，第2項は $\boldsymbol{\alpha}$ に依存しないため無視できます．したがって，近接勾配法の導出(6.8)と同様に，$\boldsymbol{\alpha} = \boldsymbol{\alpha}^t$ で線形化することによりこれらの項を

$$(\boldsymbol{w}^t)^\top(\boldsymbol{X}^\top\boldsymbol{\alpha} - \boldsymbol{v}^t) + \frac{\eta}{2}\left\|\boldsymbol{X}^\top\boldsymbol{\alpha} - \boldsymbol{v}^t\right\|_2^2 \simeq (\boldsymbol{h}^t)^\top\left(\boldsymbol{\alpha} - \boldsymbol{\alpha}^t\right) + \frac{1}{2\gamma}\|\boldsymbol{\alpha} - \boldsymbol{\alpha}^t\|_2^2$$

のように近似することができます．ここで，$\boldsymbol{h}^t = \boldsymbol{X}\left(\boldsymbol{w}^t + \eta\boldsymbol{X}^\top\boldsymbol{\alpha}^t - \eta\boldsymbol{v}^t\right)$ は $\boldsymbol{\alpha} = \boldsymbol{\alpha}^t$ での勾配です．右辺第2項の定数 γ が行列 $\eta\boldsymbol{X}\boldsymbol{X}^\top$ の最大固有値の逆数よりも小さいならば，右辺は図6.4のように左辺の上界になります．

上記近似を用いると $\boldsymbol{\alpha}^t$ に関する更新式は

$$\begin{aligned}\boldsymbol{\alpha}^{t+1} &= \mathrm{prox}_{\frac{\gamma}{\lambda}f_\ell^*(-\lambda\cdot)}\left(\boldsymbol{\alpha}^t - \gamma\boldsymbol{X}\left(\boldsymbol{w}^t + \eta\boldsymbol{X}^\top\boldsymbol{\alpha}^t - \eta\boldsymbol{v}^t\right)\right)\\ &= \mathrm{prox}_{\frac{\gamma}{\lambda}f_\ell^*(-\lambda\cdot)}\left(\boldsymbol{\alpha}^t - \gamma\boldsymbol{X}\left(2\boldsymbol{w}^t - \boldsymbol{w}^{t-1}\right)\right)\end{aligned}$$

となります．ここで2行目では $\boldsymbol{w}^t = \boldsymbol{w}^{t-1} + \eta\boldsymbol{X}^\top\boldsymbol{\alpha}^t - \eta\boldsymbol{v}^t$ を用いました．

したがって，まとめると更新式

$$\begin{cases}\boldsymbol{\alpha}^{t+1} = \mathrm{prox}_{\frac{\gamma}{\lambda}f_\ell^*(-\lambda\cdot)}\left(\boldsymbol{\alpha}^t - \gamma\boldsymbol{X}\left(2\boldsymbol{w}^t - \boldsymbol{w}^{t-1}\right)\right)\\ \boldsymbol{w}^{t+1} = \mathrm{prox}_\eta^{\ell_1}\left(\boldsymbol{w}^t + \eta\boldsymbol{X}^\top\boldsymbol{\alpha}^{t+1}\right)\end{cases}$$

を得ます．

一方，損失関数が二乗誤差 $f_\ell(\boldsymbol{z}) = \frac{1}{2}\|\boldsymbol{y} - \boldsymbol{z}\|_2^2$ の場合，$\boldsymbol{\alpha}^t$ に関する更新式は線形方程式

$$\left(\lambda\boldsymbol{I}_n + \eta\boldsymbol{X}\boldsymbol{X}^\top\right)\boldsymbol{\alpha} = \boldsymbol{y} - \boldsymbol{X}(\boldsymbol{w}^t - \eta\boldsymbol{v}^t)$$

の解として得られます．ここで左辺に現れる行列 $\boldsymbol{C} = \lambda\boldsymbol{I}_n + \eta\boldsymbol{X}\boldsymbol{X}^\top$ は最適化の途中で変化しないため，あらかじめ**コレスキー分解**（Cholesky decomposition）$\boldsymbol{C} = \boldsymbol{L}\boldsymbol{L}^\top$ を計算しておくことができます．ここで $\boldsymbol{L}$ は下三角行列であり，$\boldsymbol{L}$ を係数とする線形方程式は $O(n^2)$ の計算量（一般の行列の場合 $O(n^3)$）で解くことができます．したがって，コレスキー分解の計算に $O(n^3)$ かかるものの，各反復での計算量を $O(n^3)$ から $O(n^2)$ に削減することが可能です．

まとめると二乗誤差の場合，反復式は

$$\begin{cases} \boldsymbol{\alpha}^{t+1} = (\boldsymbol{L}^\top)^{-1}\boldsymbol{L}^{-1}\left(\boldsymbol{y} - \boldsymbol{X}^\top(2\boldsymbol{w}^t - \boldsymbol{w}^{t-1}) + \eta\boldsymbol{X}\boldsymbol{X}^\top\boldsymbol{\alpha}^t\right) \\ \boldsymbol{w}^{t+1} = \mathrm{prox}_\eta^{\ell_1}\left(\boldsymbol{w}^t + \eta\boldsymbol{X}^\top\boldsymbol{\alpha}^{t+1}\right) \end{cases}$$

のように書くことができます．ここで，$\boldsymbol{w}^t = \boldsymbol{w}^{t-1} + \eta\boldsymbol{X}^\top\boldsymbol{\alpha}^t - \eta\boldsymbol{v}^t$ を用いて $\boldsymbol{v}^t$ を消去しました．三角行列 $\boldsymbol{L}$ と $\boldsymbol{L}^\top$ に関する逆行列は陽に計算する必要はなく，後退代入をすることで $O(n^2)$ で線形方程式の解を求められます．

6.7 数値例

サンプル数 $n = 1024$，次元 $d = 16384$ の人工的に生成した 2 クラス分類問題に対して ℓ_1 ノルム正則化付きロジスティック回帰を適用し，以下の 6 つの最適化手法を比較します．

- **DAL**：6.5 節で紹介した双対問題に対する拡張ラグランジュ法です．近接項のパラメータ η_t は $\eta_0 = 1/\lambda, \eta_t = 2^t\eta_0$ のように指数的に増加させます．
- **FISTA**：6.4 節で紹介した加速付き近接勾配法です．Bech と Teboulle[6] で提案されているようにステップサイズ η_t を適当な初期値からはじめて，条件

$$f(\boldsymbol{w}^{t+1}) \leq f(\boldsymbol{z}^t) + \langle\nabla\hat{L}(\boldsymbol{z}^t), \boldsymbol{w}^{t+1} - \boldsymbol{z}^t\rangle + \frac{1}{2\eta_t}\left\|\boldsymbol{w}^{t+1} - \boldsymbol{z}^t\right\|_2^2$$

  を満たすまでステップサイズを一定の比で縮小させます（これをバックトラッキングと呼びます）．
- **OWLQN**：Andrew と Gao ら [2] に提案された劣勾配に基づく**省メモリ BFGS 法** (limited-memory BFGS) です．
- **SpaRSA**：Wright ら [87] によって提案された近接勾配法の改良版で，ヘシアン行列を $\eta_t^{-1}\boldsymbol{I}_d$ で近似するようにステップサイズ η_t を選びます．
- **IRS**：6.3 節で紹介した繰り返し重み付き縮小法です．
- **DADMM**：6.6 節で紹介した双対問題に対する交互方向乗数法で，$\boldsymbol{\alpha}^t$ に関する更新式を $\gamma = 1/(\sqrt{n} + \sqrt{d})^2$ として線形化して解きます．ここで $\sqrt{n} + \sqrt{d}$ は n と d が十分に大きいとき，各要素独立に標準正規分布

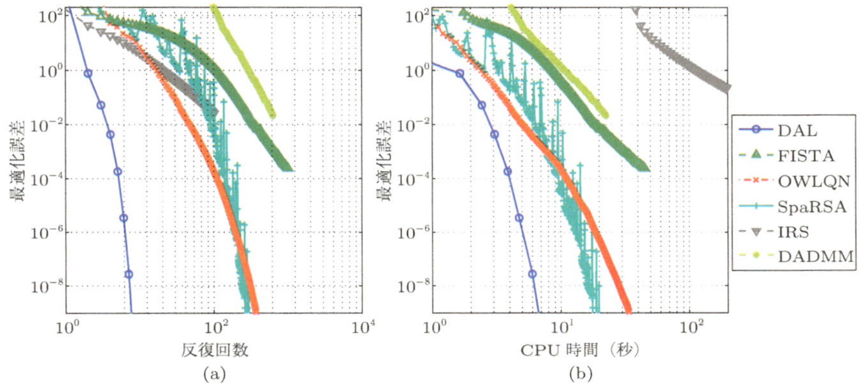

図 6.10 最適化誤差 $f(\boldsymbol{w}^t) - f(\boldsymbol{w}^*)$ を (a) では反復回数に対して，(b) では CPU 時間に対してプロットします．

からランダムに生成した $n \times d$ 行列 $\boldsymbol{X}$ の最大特異値のよい近似を与えます．

実験の結果を図 **6.10** に示します．目的関数の最適値 $f(\boldsymbol{w}^*)$ は DAL を高い精度（相対双対ギャップ (6.26) が 10^{-9} 以下となるまで反復）で実行することで数値的に求めました．(a) から DAL は非常に少ない反復回数で高い精度の解を求めることができることがわかります．もちろん DAL の 1 反復あたりの計算量は他の手法より大きいものの，(b) の CPU 時間に関する比較から高い 1 反復あたりの計算量を考慮に入れても，他の手法より高速であることがわかります．DAL の次に速いのは OWLQN ですが，この手法は ℓ_1 ノルムに特化しているため，後の章でみるような，より複雑なスパース正則化に対応できないのが欠点です．この問題では FISTA は必ずしも近接勾配法の改良版である SpaRSA より速くなく，最悪ケースの評価では劣っていても SpaRSA は優れたアルゴリズムであることがわかります．6.6 節で紹介した双対問題に対する交互方向乗数法は FISTA よりやや劣りますが，チューニングすべきパラメータが少ない点が魅力です．繰り返し付き重み付き縮小法はここで紹介した他の手法にかなり劣っています（横軸が対数スケールであることに注意してください）．

Chapter 7

グループ ℓ_1 ノルム正則化に基づく機械学習

本章ではあらかじめ定義したグループ構造を事前知識として利用し，グループ単位でゼロ／非ゼロを選択するためのノルムを紹介し，マルチタスク学習，マルチカーネル学習や，ベクトル場の推定に有効であることをみます．

7.1 定義と具体例

d 個の変数の適当な分割を $\mathfrak{G}$ とします．例えば d を偶数として，$\mathfrak{G} = \{\{1,2\},\{3,4\},\ldots,\{d-1,d\}\}$ は 2 つの変数の組への分割です．（ℓ_p ノルムに基づく）**グループ ℓ_1 ノルム正則化項**は

$$\|\boldsymbol{w}\|_{\mathfrak{G}} = \sum_{\mathfrak{g}\in\mathfrak{G}} \|\boldsymbol{w}_{\mathfrak{g}}\|_p \tag{7.1}$$

と定義されます．ここで，$\boldsymbol{w}_{\mathfrak{g}}$ は分割の 1 つの要素 $\mathfrak{g}$ に対応する $|\mathfrak{g}|$ 次元のベクトルを表します．上の例では $\mathfrak{g} = \{1,2\}$ とすると，$\boldsymbol{w}_{\mathfrak{g}}$ は 2 次元部分ベクトル $\boldsymbol{w}_{\mathfrak{g}} = (w_1, w_2)^\top$ です．ノルム $\|\cdot\|_p$ は何でもよいのですが，$p=2$ や $p=\infty$ がよく用いられます．$p=1$ ノルムを用いる場合や各グループが 1 つの変数からなる場合は分割構造は失われ，ℓ_1 ノルム正則化に帰着します．このような正則化は Lasso のグループ構造を考慮した拡張であるため**グループ Lasso**（group lasso）[88] と呼ばれます．

グループの大きさがすべて同じ場合, $d' = d/|\mathfrak{G}|$ として, 行列

$$\boldsymbol{W} = \left[\boldsymbol{w}_1, \ldots, \boldsymbol{w}_{|\mathfrak{G}|}\right]^\top \in \mathbb{R}^{|\mathfrak{G}| \times d'}$$

を定義し, 行列 $\boldsymbol{W}$ に対するブロック p, q ノルムを

$$\|\boldsymbol{W}\|_{p,q} = \left(\sum_{j=1}^{|\mathfrak{G}|} \|\boldsymbol{W}_{j,:}\|_p^q\right)^{1/q} \tag{7.2}$$

と定義すると, ブロック $p, 1$ ノルムは ℓ_p ノルムに基づくグループ ℓ_1 ノルムの定義式 (7.1) と等価です. ここで $\boldsymbol{W}_{j,:}$ は行列 $\boldsymbol{W}$ の第 j 行ベクトルを表します.

上記正則化項はグループ単位でゼロ／非ゼロを推定したい場合に有効です. ただし, グループの構造はあらかじめわかっているとします. 以下にマルチタスク学習, ベクトル場の推定, マルチカーネル学習の 3 つの例を挙げます.

7.1.1 マルチタスク学習

T 個の学習課題があり, それぞれ d' 次元のパラメータベクトル $\boldsymbol{w}_1, \ldots, \boldsymbol{w}_T \in \mathbb{R}^{d'}$ を推定したいという設定を考えます. このときこれらの T 個の学習課題に共通して有用な少ない数の特徴量を選びたいという問題を考えます. これは学習課題がある程度類似しているなら自然な発想です. このとき, 各特徴量に対応した大きさ T のグループを定義すると, 最小化問題

$$\underset{\boldsymbol{w}_1, \ldots, \boldsymbol{w}_T \in \mathbb{R}^d}{\text{minimize}} \quad \sum_{t=1}^{T} \hat{L}_t(\boldsymbol{w}_t) + \lambda \sum_{j=1}^{d'} \|\boldsymbol{W}_{j,:}\|_2 \tag{7.3}$$

を考えることができます. ここで, 行列 $\boldsymbol{W} = [\boldsymbol{w}_1, \ldots, \ldots, \boldsymbol{w}_T] \in \mathbb{R}^{d' \times T}$ と定義しました. この正則化項はブロック 2, 1 ノルムと等価です. このように定式化することで, 共通の**台**（非ゼロ要素の集合）を持つベクトル $\boldsymbol{w}_1, \ldots, \boldsymbol{w}_T$ を推定することが可能です. ここで, $\hat{L}_t(\boldsymbol{w}_t)$ は t 番目の学習課題の経験誤差とします. 正則化項が課題 t に関して分離できないために, 学習課題の間で情報共有が行われることに注意してください (図 **7.1**).

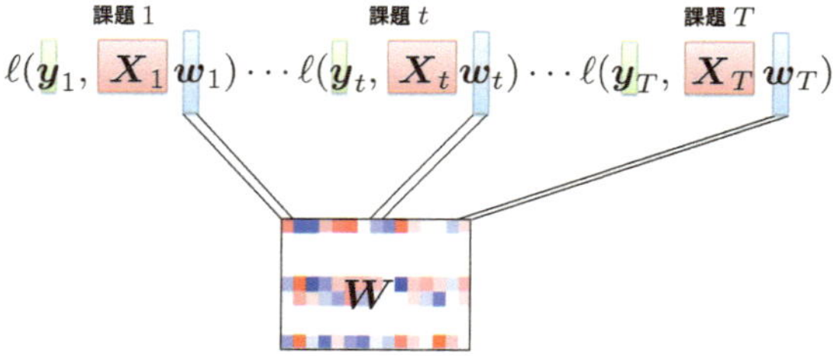

図 7.1 各変数を 1 つのグループとするグループ ℓ_1 ノルム正則化を用いると，複数の学習課題にまたがって共通の変数を選択することができることのイメージ．$\boldsymbol{X}_t \in \mathbb{R}^{m_t \times d'}$，$\boldsymbol{y}_t \in \mathbb{R}^{m_t}$ $(t = 1, \ldots, T)$ は各学習課題に対応するデータ行列とラベルのベクトルとします．サンプル数 m_t はタスクごとに異なっても構いません．ℓ は任意の損失関数です．$\boldsymbol{w}_t$ は第 t 学習課題に対応する回帰係数ベクトルで，行列 $\boldsymbol{W}$ の第 t 列です．各 $\boldsymbol{w}_t$ は異なる重みを持ちますが，共通の台を持ちます．

7.1.2 ベクトル場の推定

脳電図 (EEG) や脳磁図 (MEG) は被験者の頭部表面の電場や磁場の分布を測定する装置です．空間的に隣接した多数のニューロンが同期して活動すると，その活動に応じて電磁場が生まれます．この電磁場は脳や頭蓋骨を伝わって頭の表面に貼り付けたセンサーを用いて計測することができます．電場を計測するものを脳電図 (EEG)，磁場を計測するものを脳磁図 (MEG) と呼びます．特定のセンサー i で観測される電場や磁場は脳内のさまざまな場所の活動の線形な重ね合わせとして

$$y_i = \sum_{j=1}^{N} \boldsymbol{a}_{i,j}{}^{\top} \boldsymbol{x}_j \quad (i = 1, \ldots, n) \tag{7.4}$$

とモデル化されます [4]．ここで，j は脳内の空間位置の添字で $\boldsymbol{x}_j$ は j 番目の位置における活動を表す 3 次元ベクトルです．**図 7.2** に示すように，各空間位置でのニューロン集団の活動は大きさと方向を持つベクトル量であることに注意してください．$\boldsymbol{a}_{i,j}$ は j 番目の空間位置から i 番目のセンサーへの電磁場の伝搬を表す係数です．脳電図と脳磁図で係数は異なりますが，数学的なモデルとしては同じです．これらの計測からの脳内の活動を推定することは計測可能な電極の数 n が一般に脳活動を仮定する小領域（ボクセル）の数 N より小さいため，一種の逆問題になります．通常このような計測を行

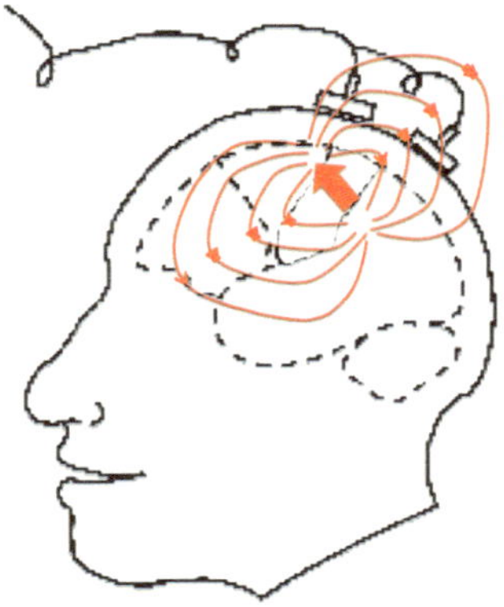

図 7.2 脳内の特定の位置のニューロン集団の活動は電気双極子 (dipole) としてモデル化されます．この双極子に由来する電磁場は脳のひだやしわなどの構造や頭蓋骨に影響を受けながら伝搬します．この伝搬過程は線形モデル (7.4) としてモデル化されます．このモデルの係数 $\boldsymbol{a}_{i,j}$ は脳の構造をもとに被験者ごとに決定するか，一般的な脳を仮定して決定することができます．

う際には，適切にタスクを設計することによって，対象とする認知活動をある程度限定します．したがって，活動源の数はボクセルの総数よりずっと少ないというスパース性の仮定が有効です．ただし，復元するべき脳活動は，大きさと方向を持つベクトル場であるため，ベクトルの係数をスパースにすることは空間座標のとり方の依存したバイアスを導入してしまいます．そこで，ベクトルの係数を正則化するのではなく，ノルムを正則化することで，空間座標のとり方に依存しない正則化が可能となります．具体的には与えられた EEG/MEG 信号 $\boldsymbol{y} = (y_i)_{i=1}^n$ からベクトル場 $(\boldsymbol{x}_j)_{j=1}^N$ を推定する問題は，最小化問題

$$\underset{(\boldsymbol{x}_j)_{j=1}^N}{\text{minimize}} \quad \sum_{i=1}^{n} \left(y_i - \sum\nolimits_{j=1}^{d'} {\boldsymbol{a}_{i,j}}^\top \boldsymbol{x}_j \right)^2 + \lambda \sum_{j=1}^{N} \|\boldsymbol{x}_j\|_2$$

として定式化することができます．

7.1.3 マルチカーネル学習

カーネル法 [73]（**メモ 7.1** を参照）は，カーネル関数 $k : \mathcal{X} \times \mathcal{X} \to \mathbb{R}$ の定

カーネル関数 $k: \mathcal{X} \times \mathcal{X} \to \mathbb{R}$ が与えられたもとで，$\boldsymbol{z}_1, \ldots, \boldsymbol{z}_m \in \mathcal{X}$ が存在して

$$f(\boldsymbol{x}) = \sum_{i=1}^{m} \alpha_i k(\boldsymbol{x}, \boldsymbol{z}_i)$$

の形で表される関数 f（およびその極限）の集合を $\mathcal{H}_k$ とします．任意の入力 $\boldsymbol{x} \in \mathcal{X}$ に対して関数 $k(\cdot, \boldsymbol{x}) : \mathcal{X} \to \mathbb{R}$（カーネル関数 k の第 1 引数に関する関数）は $k(\cdot, \boldsymbol{x}) \in \mathcal{H}_k$ を満たすため，入力 $\boldsymbol{x}$ の関数空間 $\mathcal{H}_k$ への非線形写像とみることができます．このとき，任意の関数 $f \in \mathcal{H}_k$ に関して，再生性

$$f(\boldsymbol{x}) = \langle f, k(\cdot, \boldsymbol{x}) \rangle$$

を満たすように $\mathcal{H}_k$ の内積を定めると，入力空間での非線形な関数 f が，関数空間上では線形関数（内積）として表現できることになります．また，このとき $\mathcal{H}_k$ は**再生核ヒルベルト空間**（reproducing kernel Hilbert space）と呼ばれます．

さらに，入力データ $\boldsymbol{x}_1, \ldots, \boldsymbol{x}_n$ が与えられたもとで，任意の関数 $f \in \mathcal{H}_k$ に関して f の直交分解

$$f = \sum_{i=1}^{n} \alpha_i k(\cdot, \boldsymbol{x}_i) + f_\perp$$

を $\langle k(\cdot, \boldsymbol{x}_i), f_\perp \rangle$ $(i = 1, \ldots, n)$ となるように定めると，ノルム $\|f\|_{\mathcal{H}_k} = \sqrt{\langle f, f \rangle}$ は，

$$\|f\|_{\mathcal{H}_k}^2 = \sum_{i,j=1}^{n} \alpha_i \alpha_j k(\boldsymbol{x}_i, \boldsymbol{x}_j) + \|f_\perp\|_{\mathcal{H}_k}^2$$

のように分解するため，$\|f\|_{\mathcal{H}_k}$ を正則化項とする正則化付き経験誤差最小化

$$\underset{f \in \mathcal{H}_k}{\text{minimize}} \quad \sum_{i=1}^{n} \ell(y_i, \langle f, k(\cdot, \boldsymbol{x}_i) \rangle) + \lambda \|f\|_{\mathcal{H}_k}^2$$

を考える際には，サンプル $(k(\cdot, \boldsymbol{x}_i))_{i=1}^n$ によって張られている $\mathcal{H}_k$ の n 次元部分空間だけを考えればよく（張られていない成分 $f_\perp$ は経験誤差項に寄与せず，正則化項を増加させるだけなので），上記最小化問題は n 次元のパラメータ $\boldsymbol{\alpha} = (\alpha_i)_{i=1}^n$ に関する最小化問題に帰着することがわかります．これを**表現定理**（representer theorem）といいます．また上の式で ℓ は損失関数です．

メモ 7.1 カーネル法

義する関数空間で線形なモデルを学習する枠組みです．ただし，どのようなカーネル関数を用いるか，あるいは等価にどのような再生核ヒルベルト空間を考えるかということが常に問題となります．

マルチカーネル学習は基底カーネル関数 $k_m(\boldsymbol{x}, \boldsymbol{x}') : \mathcal{X} \times \mathcal{X} \to \mathbb{R}$ $(m = 1, \ldots, M)$ が与えられたもとで，これらをカーネル重み d_m を用いて線形結合したカーネル関数 $\bar{k}(x, x') = \sum_{m=1}^{M} d_m k_m(x, x')$ と，それから導かれる予測器を同時に学習する枠組みです．カーネル重みの選び方によって基底カーネル関数から有用なカーネル関数を選び出したり，複数のカーネル関数を組み合わせたりすることができます．基底カーネル関数の集合が十分豊かであれば，実質的にカーネル関数を最適化しているとみることができます．

このとき，$\mathcal{H}_1, \ldots, \mathcal{H}_M$ をカーネル関数 $k_1, \ldots, k_M$ から定まる再生核ヒルベルト空間とし，$\bar{\mathcal{H}}$ を結合カーネル関数 $\bar{k}$ から定まる再生核ヒルベルト空間とすると，$\mathcal{H}_1, \ldots, \mathcal{H}_M$ のノルムと $\bar{\mathcal{H}}$ のノルムの間に関係

$$\|\bar{f}\|_{\bar{\mathcal{H}}} = \min_{f_1 \in \mathcal{H}_1, \ldots, f_m \in \mathcal{H}_M} \sum_{m=1}^{M} \frac{\|f_m\|_{\mathcal{H}_m}^2}{d_m} \quad \text{subject to} \quad \bar{f} = \sum_{m=1}^{M} f_m$$

が成立することが知られています [3]．したがって，関数 $\bar{f} \in \bar{\mathcal{H}}$ とカーネル重み d_m $(m = 1, \ldots, M)$ を同時に学習するにはカーネル重みに関する正則化項を加えて，最小化問題

$$\underset{f_1 \in \mathcal{H}_1, \ldots, f_M \in \mathcal{H}_M, (d_m)_{m=1}^{M}}{\text{minimize}} \quad \frac{1}{n} \sum_{i=1}^{n} \ell\left(y_i, \sum_{m=1}^{M} f_m(\boldsymbol{x}_i)\right) + \frac{\lambda}{2} \sum_{m=1}^{M} \left(\frac{\|f_m\|_{\mathcal{H}_m}^2}{d_m} + h(d_m)\right) \tag{7.5}$$

$$\text{subject to} \quad d_m \geq 0, \quad m = 1, \ldots, M$$

のように定式化することができます．ここで，ℓ は損失関数で例えばサポートベクトルマシンで用いられるヒンジ損失 (2.11) やロジスティック損失 (2.9) を考えることができます．また，h はカーネル重み d_m に関する正則化項で，凸関数とします．

例えば $h(d_m) = d_m$ と定義すると，補題 6.1 を用いて，カーネル重みについて陽に最小化することにより

$$\min_{d_m \geq 0} \frac{1}{2} \sum_{m=1}^{M} \left(\frac{\|f_m\|_{\mathcal{H}_m}^2}{d_m} + d_m \right) = \sum_{m=1}^{M} \|f_m\|_{\mathcal{H}_m}$$

が得られます．したがって，この場合マルチカーネル学習は各カーネルが1つのグループに対応するグループ ℓ_1 ノルム最小化と理解することができます．

より一般には，任意の凸関数 h に関して，凹関数 g が存在して，再生核ヒルベルト空間のノルム $(\|f_m\|_{\mathcal{H}_m})_{m=1}^M$ に関するグループノルム正則化項を用いて，最適化問題 (7.5) は等価に，

$$\underset{f_1 \in \mathcal{H}_1, \ldots, f_M \in \mathcal{H}_M}{\text{minimize}} \quad \frac{1}{n} \sum_{i=1}^{n} \ell \left(y_i, \sum_{m=1}^{M} f_m(\boldsymbol{x}_i) \right) + \lambda \sum_{m=1}^{M} g\left(\|f_m\|_{\mathcal{H}_m}^2 \right) \quad (7.6)$$

のように表現することができます．ここで，凸関数 h と凹関数 g の間には，

$$h(d_m) = -2g^* \left(\frac{1}{2d_m} \right)$$

の関係があります．ただし，g^* は g の凹共役で，

$$g^*(y) = \min_x (xy - g(x))$$

と定義されます．表 7.1 に代表的なグループノルム正則化項 g とカーネル重み正則化項 h の組を挙げます．$1 < q \leq 2$ に関するグループノルムは解がスパースになりすぎるのを抑制する効果があります [46]．とくに $q = 2$ はすべてのカーネルを一様な重みで結合する場合に対応します．詳細は Tomioka と Suzuki [81] を参照してください．

表 7.1 グループノルム正則化項 $g(x)$ とカーネル重み正則化項 $h(d_m)$ の対応関係．3 行目で $\delta_{[0,1]}$ は区間 $[0,1]$ の指示関数を表します．

	グループノルム正則化項 $g(x)$	カーネル重み正則化項 $h(d_m)$
グループ ℓ_1 ノルム	$\sqrt{x}$	d_m
グループ ℓ_q ノルム $(q < 2)$	$\frac{1}{q} x^{q/2}$	$\frac{2-q}{q} d_m^{q/(2-q)}$
一様重み結合	$\frac{x}{2}$	$\delta_{[0,1]}(d_m)$
エラスティックネット	$(1-\theta)\sqrt{x} + \frac{\theta}{2} x$	$\frac{(1-\theta)^2 d_m}{1-\theta d_m}$

7.2 数学的性質

本節では，グループ ℓ_1 ノルムも ℓ_1 ノルムと同様に，ノルムと非ゼログループ数の関係が成立することを確認し，双対問題を導出する際に必要となる双対ノルムおよび，（加速付き）近接勾配法を実装する際に必要となる prox 作用素を導出します．

7.2.1 非ゼログループの数との関係

補題 5.2 では k スパースなベクトルの ℓ_1 ノルムは $\|\boldsymbol{w}\|_1 \leq \sqrt{k}\|\boldsymbol{w}\|_2$ のように評価できることを見ました．同様に，ベクトル $\boldsymbol{w}$ のゼロでないグループの数が k 以下であることを，$\boldsymbol{w}$ は k グループスパースであるということにします．このとき，以下の補題が成立します．

補題 7.1（グループスパースベクトルのグループ ℓ_1 ノルム）

$\mathfrak{G}$ は添字 $1, \ldots, d$ の重複のない分割であるとします．$\boldsymbol{w}$ が $\mathfrak{G}$ に関して k グループスパースであるとき，

$$\|\boldsymbol{w}\|_{\mathfrak{G}} \leq k^{1/q} \cdot \|\boldsymbol{w}\|_p \tag{7.7}$$

が成立します．ただし，q は $1/p + 1/q = 1$ を満たすとします．

証明.

一般性を失うことなく，ゼロでないグループに $\mathfrak{g}_1, \ldots, \mathfrak{g}_k$ のように添字を与えることができます．このとき，

$$\begin{aligned}
\|\boldsymbol{w}\|_{\mathfrak{G}} &= \sum_{j=1}^{k} 1 \cdot \|\boldsymbol{w}_{\mathfrak{g}_j}\|_p \\
&\leq \left(\sum\nolimits_{j=1}^{k} 1\right)^{1/q} \cdot \left(\sum\nolimits_{j=1}^{k} \|\boldsymbol{w}_{\mathfrak{g}_j}\|_p^p\right)^{1/p} \\
&= k^{1/q} \cdot \|\boldsymbol{w}\|_p
\end{aligned}$$

ここで，2 行目ではヘルダーの不等式（補題 5.1）を用いました． □

特に $p=2$ の場合は，不等式 (7.7) の右辺の係数は $\sqrt{k}$，ノルムは ℓ_2 ノルムとなり，補題 5.2 の自然な拡張になります．

7.2.2 双対ノルム

グループ ℓ_1 ノルムの双対ノルムは以下の補題のように表すことができます．

補題 7.2（グループ ℓ_1 ノルムの双対ノルム）

p をパラメータとするグループ ℓ_1 ノルム $\|\cdot\|_{\mathfrak{G}}$ の双対ノルムは

$$\|\boldsymbol{x}\|_{\mathfrak{G}^*} = \max_{\mathfrak{g}\in\mathfrak{G}} \|\boldsymbol{x}_{\mathfrak{g}}\|_q$$

と書くことができます．ただし，q は $1/p + 1/q = 1$ を満たすとします．

証明.

定義より，

$$\begin{aligned}
\|\boldsymbol{x}\|_{\mathfrak{G}^*} &= \max_{\boldsymbol{w}\in\mathbb{R}^d} \langle \boldsymbol{w}, \boldsymbol{x}\rangle, \quad \text{subject to} \quad \|\boldsymbol{w}\|_{\mathfrak{G}} \le 1 \\
&= \max_{\boldsymbol{w}\in\mathbb{R}^d} \sum_{\mathfrak{g}\in\mathfrak{G}} \langle \boldsymbol{w}_{\mathfrak{g}}, \boldsymbol{x}_{\mathfrak{g}}\rangle, \quad \text{subject to} \quad \sum_{\mathfrak{g}\in\mathfrak{G}} \|\boldsymbol{w}_{\mathfrak{g}}\|_p \le 1 \\
&\le \max_{\boldsymbol{w}\in\mathbb{R}^d} \sum_{\mathfrak{g}\in\mathfrak{G}} \|\boldsymbol{w}_{\mathfrak{g}}\|_p \cdot \|\boldsymbol{x}_{\mathfrak{g}}\|_q, \quad \text{subject to} \quad \sum_{\mathfrak{g}\in\mathfrak{G}} \|\boldsymbol{w}_{\mathfrak{g}}\|_p \le 1 \\
&= \max_{\mathfrak{g}\in\mathfrak{G}} \|\boldsymbol{x}_{\mathfrak{g}}\|_q
\end{aligned}$$

ここで，3 行目では ℓ_p ノルムと ℓ_q ノルムの組に対して，4 行目では ℓ_1 ノルムと ℓ_∞ ノルムの組に対してヘルダーの不等式（補題 5.1）を用いました．等号は $\|\boldsymbol{x}_{\mathfrak{g}}\|_q$ が最大となる任意の 1 つのグループに対して，$\langle \boldsymbol{w}_{\mathfrak{g}}, \boldsymbol{x}_{\mathfrak{g}}\rangle = \|\boldsymbol{x}_{\mathfrak{g}}\|_q$ を満たすように単位ベクトル $\boldsymbol{w}_{\mathfrak{g}}$ を選び，それ以外のグループに関しては $\boldsymbol{w}_{\mathfrak{g}} = 0$ と選ぶことで得られます． □

7.2.3 変分表現

グループ ℓ_1 ノルムも ℓ_1 ノルムと同様，変分表現が可能です．

補題 7.3（グループ ℓ_1 ノルムの変分表現）

グループ ℓ_1 ノルムは等価に

$$\|\boldsymbol{w}\|_{\mathfrak{G}} = \frac{1}{p}\sum_{\mathfrak{g}\in\mathfrak{G}} \min_{\substack{\boldsymbol{\eta}\in\mathbb{R}^{|\mathfrak{G}|},\\ \eta_{\mathfrak{g}}\geq 0}} \left(\frac{\|\boldsymbol{w}_{\mathfrak{g}}\|_p^p}{\eta_{\mathfrak{g}}} + (p-1)\eta_{\mathfrak{g}}^{1/(p-1)}\right) \tag{7.8}$$

のように表現することができます．

証明.

式 (7.8) の右辺の最小化される関数を $\eta_{\mathfrak{g}}$ で微分してゼロとおくことにより，

$$-\frac{\|\boldsymbol{w}_{\mathfrak{g}}\|_p^p}{\eta_{\mathfrak{g}}^2} + \eta_{\mathfrak{g}}^{1/(p-1)-1} = 0$$

を得ます．これを整理することにより，右辺を最小化するのは，$\eta_{\mathfrak{g}} = \|\boldsymbol{w}_{\mathfrak{g}}\|_p^{p-1}$ であることが得られます．これを式 (7.8) の右辺に代入することにより題意を証明できます． □

特に，$p = 2$ の場合は式 (7.8) の右辺の第 2 項は $\eta_{\mathfrak{g}}$ となり，補題 6.1 の自然な拡張になっています．$p > 2$ の場合は式 (7.8) の第 2 項は $\eta_{\mathfrak{g}} \geq 0$ で凹関数になります．

7.2.4 prox 作用素

以下の補題に示すようにグループ ℓ_1 ノルム正則化項に関する prox 作用素は ℓ_1 ノルムの場合と同様に解析的に計算することができます．

補題 7.4 (prox 作用素の分離可能性)

任意のグループ $\mathfrak{g}, \mathfrak{g}' \in \mathfrak{G}$ が $\mathfrak{g} \cap \mathfrak{g}' = \emptyset$ を満たすとき，グループ ℓ_1 ノルム正則化項に関する prox 作用素

$$\mathrm{prox}_{\lambda}^{\mathfrak{G}}(\boldsymbol{y}) = \operatorname*{argmin}_{\boldsymbol{w} \in \mathbb{R}^d} \left(\frac{1}{2}\|\boldsymbol{y} - \boldsymbol{w}\|_2^2 + \lambda \sum_{\mathfrak{g} \in \mathfrak{G}} \|\boldsymbol{w}_{\mathfrak{g}}\|_p \right)$$

は解析的に

$$\left[\mathrm{prox}_{\lambda}^{\mathfrak{G}}(\boldsymbol{y})\right]_{\mathfrak{g}} = \mathrm{prox}_{\lambda\|\cdot\|_p}(\boldsymbol{y}_{\mathfrak{g}})$$

と書くことができます．ただし，$[\cdot]_{\mathfrak{g}}$ は添字集合 $\mathfrak{g}$ に対応する部分ベクトルを表します．

補題 7.4 は，グループに重複がない場合，ノルムの和に関する prox 作用素はそれぞれのグループに関して prox 作用素を計算すればよいということを意味しています．もちろん，それぞれのグループに関する prox 作用素の計算しやすさは p の値によります．もっとも広く用いられている $p = 2$ の場合，

$$\mathrm{prox}_{\lambda\|\cdot\|_2}(\boldsymbol{y}) = \begin{cases} (\|\boldsymbol{y}\|_2 - \lambda)\,\frac{\boldsymbol{y}}{\|\boldsymbol{y}\|_2}, & \|\boldsymbol{y}\|_2 > \lambda \text{ の場合} \\ 0, & \text{それ以外} \end{cases}$$

のように得られます．

証明.

まず，補題の分離可能性は，重複がないことから近接項が

$$\|\boldsymbol{y} - \boldsymbol{w}\|_2^2 = \sum_{\mathfrak{g} \in \mathfrak{G}} \|\boldsymbol{y}_{\mathfrak{g}} - \boldsymbol{w}_{\mathfrak{g}}\|_2^2$$

のように分解できることから導かれます．

$p = 2$ の場合の prox 作用素 $\mathrm{prox}_{\lambda\|\cdot\|_2}$ は，目的関数の劣微分に関する条件から

表 **7.2**　グループ ℓ_1 ノルム $(p=2)$ の性質のまとめ

本章で扱うノルム	グループ ℓ_1 ノルム $\|\boldsymbol{w}\|_{\mathfrak{G}} = \sum_{\mathfrak{g}\in\mathfrak{G}} \|\boldsymbol{w}_{\mathfrak{g}}\|_2$
誘導するスパース性	グループ単位のスパース性
$\boldsymbol{w}$ が k グループスパースであるとき	$\|\boldsymbol{w}\|_{\mathfrak{G}} \le \sqrt{k}\|\boldsymbol{w}\|_2$
双対ノルム	$\|\boldsymbol{x}\|_{\mathfrak{G}^*} = \max_{\mathfrak{g}\in\mathfrak{G}} \|\boldsymbol{x}_{\mathfrak{g}}\|_2$
prox 作用素	$\left[\mathrm{prox}_{\lambda}^{\mathfrak{G}}(\boldsymbol{y})\right]_{\mathfrak{g}} = \begin{cases} (\|\boldsymbol{y}_{\mathfrak{g}}\|_2 - \lambda)\frac{\boldsymbol{y}_{\mathfrak{g}}}{\|\boldsymbol{y}_{\mathfrak{g}}\|_2}, & \|\boldsymbol{y}_{\mathfrak{g}}\|_2 > \lambda \text{ の場合} \\ 0, & \text{それ以外} \end{cases}$

$$\boldsymbol{y} - \boldsymbol{w} \in \lambda\partial\|\boldsymbol{w}\|_2$$

を得ます．ただし，劣微分 $\partial\|\boldsymbol{w}\|_2$ は原点以外では 1 点 $\boldsymbol{w}/\|\boldsymbol{w}\|_2$ からなる集合，原点では集合 $\{\boldsymbol{g} \in \mathbb{R}^d : \|\boldsymbol{g}\|_2 \le 1\}$ です（図 4.2 を参照）．したがって，$\|\boldsymbol{y}\|_2 \le \lambda$ のとき，$\boldsymbol{w}=0$ で最適となり，それ以外の場合，$\boldsymbol{y}$ を原点方向に長さ λ だけ縮小した点で最適となります．　□

ここまでに見たグループ ℓ_1 ノルムに関する性質を表 **7.2** にまとめます．

7.3　最適化

7.3.1　繰り返し重み付き縮小法

変分表現（補題 7.3）を用いることにより，ℓ_1 ノルムの場合と同様に繰り返し重み付き縮小法を与えることができます．

1. すべての $\mathfrak{g} \in \mathfrak{G}$ について $\eta_{\mathfrak{g}}^1 = 1$ と初期化します
2. 収束するまで以下を繰り返します

　(a) $\boldsymbol{w}^t$ の更新：

$$\boldsymbol{w}^t = \underset{\boldsymbol{w}\in\mathbb{R}^d}{\operatorname{argmin}} \left(\hat{L}(\boldsymbol{w}) + \frac{\lambda}{p} \sum_{\mathfrak{g}\in\mathfrak{G}} \frac{\|\boldsymbol{w}_{\mathfrak{g}}\|_p^p}{\eta_{\mathfrak{g}}} \right)$$

(b) $\eta_{\mathfrak{g}}^{t+1}$ の更新：

$$\eta_{\mathfrak{g}}^{t+1} = \|\boldsymbol{w}_{\mathfrak{g}}^{t}\|_p^{p-1} \qquad \mathfrak{g} \in \mathfrak{G}.$$

回帰係数ベクトル $\boldsymbol{w}^t$ の更新は $p > 1$ であれば，なめらかな正則化項を持つ経験誤差最小化問題です．重み $\eta_{\mathfrak{g}}$ の更新は，$p > 2$ の場合は重みに関して目的関数が凸ではありませんが，閉じた更新式を得ることができます．

7.3.2 （加速付き）近接勾配法

近接勾配法は，7.2.4 項で導出した prox 作用素を用いると，更新式

$$\boldsymbol{w}^{t+1} = \mathrm{prox}_{\lambda\eta_t}^{\mathfrak{G}}\left(\boldsymbol{w}^t - \eta_t \nabla \hat{L}(\boldsymbol{w}^t)\right)$$

のように書き表すことができます．Nesterov の加速法を用いる場合もアルゴリズム 6.1 の prox 作用素をグループ ℓ_1 ノルムに関するものに置き換えるだけです．

7.3.3 双対拡張ラグランジュ法

$p = 2$ に関するグループ ℓ_1 ノルム正則化を用いた経験誤差最小化問題

$$\underset{\boldsymbol{w} \in \mathbb{R}^d}{\mathrm{minimize}} \quad f_\ell(\boldsymbol{X}\boldsymbol{w}) + \lambda \|\boldsymbol{w}\|_{\mathfrak{G}} \tag{7.9}$$

に対する双対拡張ラグランジュ法を導出します．ここで，f_ℓ は損失関数であり，$1/\gamma$ 平滑であると仮定します．

最小化問題 (7.9) の双対問題は

$$\underset{\boldsymbol{\alpha} \in \mathbb{R}^n}{\mathrm{minimize}} \quad f_\ell^*(-\boldsymbol{\alpha}) + \delta_{\|\cdot\|_{\mathfrak{G}^*} \le \lambda}(\boldsymbol{X}^\top \boldsymbol{\alpha}) \tag{7.10}$$

のように書くことができます．ただし，$\delta_{\|\cdot\|_{\mathfrak{G}^*} \le \lambda}$ はグループ ℓ_1 ノルムの双対ノルムに関する半径 λ の球の指示関数で，

$$\delta_{\|\cdot\|_{\mathfrak{G}^*} \le \lambda}(\boldsymbol{v}) = \begin{cases} 0, & \max_{\mathfrak{g} \in \mathfrak{G}} \|\boldsymbol{v}_{\mathfrak{g}}\|_2 \le \lambda \\ +\infty, & \text{それ以外の場合} \end{cases}$$

と定義されます．6.5 節と同様の導出により，拡張ラグランジュ関数は

$$\varphi_t(\boldsymbol{\alpha}) = f_\ell^*(-\boldsymbol{\alpha}) + \frac{1}{2\eta_t} \left\| \mathrm{prox}_{\lambda\eta_t}^{\mathfrak{G}}\left(\boldsymbol{w}^t + \eta_t \boldsymbol{X}^\top \boldsymbol{\alpha}\right) \right\|_2^2 \tag{7.11}$$

のように書け，更新式は $\boldsymbol{\alpha}^{t+1} \simeq \operatorname{argmin}_{\boldsymbol{\alpha}\in\mathbb{R}^n} \varphi_t(\boldsymbol{\alpha})$ として，

$$\boldsymbol{w}^{t+1} = \operatorname{prox}_{\lambda\eta_t}^{\mathfrak{G}}\left(\boldsymbol{w}^t + \eta_t \boldsymbol{X}^\top \boldsymbol{\alpha}^{t+1}\right)$$

と書くことができます．ここで，拡張ラグランジュ関数 $\varphi_t(\boldsymbol{\alpha})$ の最小化はアルゴリズム 6.2 と同様，停止基準を満たしさえすれば厳密に最小化しなくてもよいことに注意してください．拡張ラグランジュ関数 (7.11) の微分とヘシアンは，比較的簡単に

$$\nabla\varphi_t(\boldsymbol{\alpha}) = -\nabla f_\ell^*(-\boldsymbol{\alpha}) + \boldsymbol{X}\boldsymbol{w}^{t+1}(\boldsymbol{\alpha}),$$

$$\nabla^2\varphi_t(\boldsymbol{\alpha}) = \nabla^2 f_\ell^*(-\boldsymbol{\alpha}) + \eta_t \sum_{\mathfrak{g}\in\mathfrak{G}_+} \boldsymbol{X}_\mathfrak{g}\left(\left(1 - \frac{\lambda\eta_t}{\|\boldsymbol{q}_\mathfrak{g}\|_2}\right)\boldsymbol{I}_{|\mathfrak{g}|} + \frac{\lambda\eta_t}{\|\boldsymbol{q}_\mathfrak{g}\|_2}\tilde{\boldsymbol{q}}_\mathfrak{g}\tilde{\boldsymbol{q}}_\mathfrak{g}{}^\top\right)\boldsymbol{X}_\mathfrak{g}{}^\top$$

のように書くことができます．ここで，$\boldsymbol{q}_\mathfrak{g} = \boldsymbol{w}^t + \eta_t\boldsymbol{X}^\top\boldsymbol{\alpha}$，$\boldsymbol{w}^{t+1}(\boldsymbol{\alpha}) = \operatorname{prox}_{\lambda\eta_t}^{\mathfrak{G}}(\boldsymbol{q})$，$\tilde{\boldsymbol{q}}_\mathfrak{g} = \boldsymbol{q}_\mathfrak{g}/\|\boldsymbol{q}_\mathfrak{g}\|_2$ と定義しました．また，$\mathfrak{G}_+ \subseteq \mathfrak{G}$ は $\|\boldsymbol{q}_\mathfrak{g}\|_2 > \lambda$ となるグループの集合とし，$\boldsymbol{X}_\mathfrak{g}$ は添字集合 $\mathfrak{g}$ にに対応する行列 $\boldsymbol{X}$ の列からなる部分行列とします．

上の式からグループ ℓ_1 ノルム正則化の場合も ℓ_1 ノルム正則化と同様に，拡張ラグランジュ関数の微分とヘシアンはゼロでないグループに対応するデータ行列 $\boldsymbol{X}$ の列のみに依存し，解がスパースであればあるほど効率的に計算できることがわかります．

最後に停止基準について述べます．6 章で議論したように双対拡張ラグランジュ法（アルゴリズム 6.2）において各反復で得られる $\boldsymbol{\alpha}^t$ は双対問題の制約 $\|\boldsymbol{X}^\top\boldsymbol{\alpha}^t\|_{\mathfrak{G}^*} \leq \lambda$ を満たしません．そこで $\boldsymbol{u}^t = \boldsymbol{X}^\top\boldsymbol{\alpha}^t$ とし，

$$\tilde{\boldsymbol{\alpha}}^t = \min(1, \lambda/\|\boldsymbol{u}^t\|_{\mathfrak{G}^*})\cdot\boldsymbol{\alpha}^t$$

と定義します．このとき，相対双対ギャップは

$$(f(\boldsymbol{w}^t) - g(\tilde{\boldsymbol{\alpha}}^t))/f(\boldsymbol{w}^t)$$

のように評価することができます．ただし，f は主問題の目的関数 (7.9)，g は双対問題の目的関数 (7.10) の符号を反転したものとします．

Chapter 8

トレースノルム正則化に基づく機械学習

低ランク行列は協調フィルタリング，システム同定，行列を入力とする分類問題など，非常に多くの応用があります．ただし，低ランク制約を直接扱うことは，非凸であり，やや解きにくい最適化問題になってしまいます．本章では ℓ_1 ノルム正則化の自然な拡張として得られるトレースノルムが低ランク性を誘導すること，双対ノルムや prox 作用素などの多くの ℓ_1 ノルムに関する性質が行列の特異値に対して拡張されることを見ます．

8.1 定義と具体例

行列 $\boldsymbol{W} \in \mathbb{R}^{d_1 \times d_2}$ の**トレースノルム**（trace norm）は特異値（**メモ 8.1** を参照）の線形和として

$$\|\boldsymbol{W}\|_* = \sum_{j=1}^{d} \sigma_j(\boldsymbol{W})$$

のように定義されます．ここで $\sigma_j(\boldsymbol{W})$ は行列 $\boldsymbol{W}$ の第 j 特異値であり，$d = \min(d_1, d_2)$ と定義しました．特異値の集合をベクトル $\boldsymbol{\sigma}(\boldsymbol{W}) \in \mathbb{R}^d$ で表すと，トレースノルムは特異値の ℓ_1 ノルム $\|\boldsymbol{W}\|_* = \|\boldsymbol{\sigma}(\boldsymbol{W})\|_1$ です．トレースノルムは**核型ノルム** (nuclear norm)，**シャッテン-1 ノルム**などの名前でも知られています．

任意の実行列 $\boldsymbol{W} \in \mathbb{R}^{d_1 \times d_2}$ は，直交行列 $\boldsymbol{U} \in \mathbb{R}^{d_1 \times d}$，$\boldsymbol{V} \in \mathbb{R}^{d_2 \times d}$，および $\sigma_1, \ldots, \sigma_d$ を用いて

$$\boldsymbol{W} = \boldsymbol{U}\mathrm{diag}(\sigma_1, \ldots, \sigma_d)\boldsymbol{V}^\top = \sum_{j=1}^{d} \sigma_j \boldsymbol{u}_j \boldsymbol{v}_j{}^\top$$

のように分解できることが知られています．これを**特異値分解**（singular value decomposition）と呼びます．ここで，$\boldsymbol{U}^\top\boldsymbol{U} = \boldsymbol{I}_d$，$\boldsymbol{V}^\top\boldsymbol{V} = \boldsymbol{I}_d$ であり，$\boldsymbol{u}_j \in \mathbb{R}^{d_1}$ および $\boldsymbol{v}_j \in \mathbb{R}^{d_2}$ はそれぞれ行列 $\boldsymbol{U}, \boldsymbol{V}$ の第 j 列ベクトルとします．$\sigma_1, \ldots, \sigma_d$ は符号が正でかつ降順に並べるのが一般的で，このとき σ_j は行列 $\boldsymbol{W}$ の第 j 特異値と呼ばれます．また，対応する $\boldsymbol{u}_j$ と $\boldsymbol{v}_j$ は，それぞれ第 j 左特異ベクトル，右特異ベクトルと呼ばれます．本書では特異値が行列の関数であることを強調するために $\sigma_j(\boldsymbol{W})$ と書いています．この分解は特異値に重複がない限り一意に定まります．

メモ 8.1　特異値分解

行列 $\boldsymbol{X}$ と行列 $\boldsymbol{W}$ の内積 $\langle \boldsymbol{X}, \boldsymbol{W} \rangle$ を

$$\langle \boldsymbol{X}, \boldsymbol{W} \rangle = \mathrm{tr}\left(\boldsymbol{X}^\top \boldsymbol{W}\right) = \sum_{i=1}^{d_1} \sum_{j=1}^{d_2} X_{i,j} W_{i,j}$$

と定義すると，この内積から誘導されるノルム $\|\boldsymbol{W}\|_F = \sqrt{\langle \boldsymbol{W}, \boldsymbol{W} \rangle}$ は行列の**フロベニウスノルム**（Frobenius norm）と呼ばれます．フロベニウスノルムは特異値の 2 乗の平方根として

$$\|\boldsymbol{W}\|_F = \sqrt{\mathrm{tr}(\boldsymbol{W}^\top \boldsymbol{W})} = \sqrt{\sum_{j=1}^{d} \sigma_j^2(\boldsymbol{W})} = \|\boldsymbol{\sigma}(\boldsymbol{W})\|_2 \tag{8.1}$$

と表すことができるので，トレースノルムは特異値の ℓ_1 ノルム，フロベニウスノルムは特異値の ℓ_2 ノルムとみなすことができます．

特異値の ℓ_1 ノルムであるトレースノルムを用いると，スパースな特異値ベクトル $\boldsymbol{\sigma}(\boldsymbol{W})$ を得ることが期待できます．特異値ベクトル $\boldsymbol{\sigma}(\boldsymbol{W})$ がスパースであるということは，行列 $\boldsymbol{W}$ が低ランクであるということです．低ランク行列の推定は協調フィルタリング，システム同定，マルチタスク学習など，さまざまな場面で現れます．行列 $\boldsymbol{W}$ に関するランク制約は非凸であり直接扱うことは困難です．トレースノルムはノルムであり，凸関数であるため，

この困難さを回避することが可能です．トレースノルムの性質を**表 8.1** にまとめます．

以下に具体例を挙げます．

表 8.1 トレースノルムの性質のまとめ

本章で扱うノルム	トレースノルム $\|\boldsymbol{W}\|_* = \sum_{j=1}^{d} \sigma_j(\boldsymbol{W})$
誘導するスパース性	行列の低ランク性
$\boldsymbol{W}$ がランク r であるとき	$\|\boldsymbol{W}\|_* \leq \sqrt{r}\|\boldsymbol{W}\|_F$
双対ノルム	$\|\boldsymbol{X}\| = \max_j \sigma_j(\boldsymbol{X})$
prox 作用素	$\mathrm{prox}_{\lambda}^{\mathrm{tr}}(\boldsymbol{Y}) = \boldsymbol{U} \max(\boldsymbol{\Sigma} - \lambda \boldsymbol{I}_d, 0)\, \boldsymbol{V}^{\top}$（ただし，$\boldsymbol{Y} = \boldsymbol{U\Sigma V}^{\top}$ は特異値分解）

8.1.1 協調フィルタリング

協調フィルタリングはオンラインショッピングや検索における推薦システムのためのスコアリング手法の一種です．協調フィルタリングでは，ユーザーを行の添字，推薦する候補となるアイテムを列の添字とし，i, j 要素がユーザー i によるアイテム j の評価値やクリック数の値をとる行列を考え，この行列の未観測要素を予測することでスコアリングを行います．通常 1 人のユーザーが評価したりクリックしたりすることのできるアイテムは限られていますが，多くのユーザーの評価から似通ったユーザーを発見することができれば，他のユーザーの評価値情報を用いて対象とするユーザーに対するアイテムのスコアリングを行うことができます．これが協調フィルタリングという名前の由来です．

具体的には，ユーザー数 d_1，アイテム数 d_2 に対して，簡単のため $-1, +1$ の 2 値をとる行列 $\boldsymbol{Y} \in \{-1, +1\}^{d_1 \times d_2}$ を考えます．この場合，-1 は嫌い，$+1$ は好きと考えることができます．未観測のユーザーとアイテムの組に対して対応する $\boldsymbol{Y}$ の値を予測することは 2 値分類問題と捉えることができます．したがって，観測されたユーザーとアイテムの組の集合を Ω とすると，経験誤差最小化問題

$$\underset{\boldsymbol{W} \in \mathbb{R}^{d_1 \times d_2}}{\text{minimize}} \sum_{(i,j) \in \Omega} \ell(Y_{i,j}, W_{i,j})$$

を考えることができます．ここで ℓ は 2 値分類のための損失関数で，ヒンジ損失 (2.11) や，ロジスティック損失 (2.9) を用いることができます．また，2 乗損失を用いれば $\boldsymbol{Y}$ が 2 値とは限らない場合も扱うことができます．

もちろん行列 $\boldsymbol{W}$ を制約せずに経験誤差最小化をしても未観測要素に関しては何の手がかりもないので推定することはできません．行列 $\boldsymbol{W}$ が低ランクである，言い換えれば縦長の行列 $\boldsymbol{U} \in \mathbb{R}^{d_1 \times r}$, $\boldsymbol{V} \in \mathbb{R}^{d_2 \times r}$ の積として

$$\boldsymbol{W} = \boldsymbol{U}\boldsymbol{V}^\top$$

（ただし，$r < \min(d_1, d_2)$）と書けるという制約は，この場合に非常に有効です．さらに魅力的な点としては，ユーザーとアイテムの関係を r 次元空間に埋め込まれたベクトルの関係として自然に捉えられる点が挙げられます．より具体的には，行列 $\boldsymbol{U}$ の第 i 行ベクトルを $\boldsymbol{u}_i \in \mathbb{R}^r$，行列 $\boldsymbol{V}$ の第 j 行ベクトルを $\boldsymbol{v}_j \in \mathbb{R}^r$ と表すと，$\boldsymbol{W}$ の (i, j) 要素は

$$W_{i,j} = \langle \boldsymbol{u}_i, \boldsymbol{v}_j \rangle$$

として 2 つのベクトルの内積として表すことができます．評価値 $Y_{i,j}$ が $-1, +1$ の 2 値をとる場合，i 番目のユーザーに対応するベクトル $\boldsymbol{u}_i$ と j 番目のアイテムに対応するベクトル $\boldsymbol{v}_j$ の内積が正であれば，ユーザー i はアイテム j を好み，負であればユーザー i はアイテム j を嫌うということがいえます．

行列 $\boldsymbol{W}$ が低ランクであるという制約を陽に扱うことは非凸な最適化問題になり少しやっかいです．そこで，ランクを制約する代わりにトレースノルムを正則化（あるいは等価に制約）することが考えられます．これを最適化問題として具体的に書くと

$$\underset{\boldsymbol{W} \in \mathbb{R}^{d_1 \times d_2}}{\text{minimize}} \quad \sum_{(i,j) \in \Omega} \ell(Y_{i,j}, W_{i,j}) + \lambda \|\boldsymbol{W}\|_* \tag{8.2}$$

のようになります．ここで $\lambda > 0$ は正則化パラメータです．損失関数がヒンジ損失 (2.11) の場合，この方法は**マージン最大化行列分解**（maximum margin matrix factorization, MMMF）[76] として知られています．後で示すよ

うにトレースノルム $\|\boldsymbol{W}\|_*$ は凸関数であり，変分表現（補題6.1）や prox 作用素（補題6.2）など，ℓ_1 ノルムの多くの性質を自然に拡張することができます．

8.1.2 マルチタスク学習

7章では複数のタスクにまたがって共通の変数を選択する手法を紹介しました．このとき用いたのは，T 個のタスクに関するパラメータベクトルを列方向に並べた行列

$$\boldsymbol{W} = [\boldsymbol{w}_1 \cdots \boldsymbol{w}_T] \in \mathbb{R}^{d' \times T}$$

の各行を1つのグループとするグループ ℓ_1 ノルム正則化です．複数のタスクの共通性をモデル化する方法は共通の変数を用いることだけではありません．T 個タスクが共通の部分空間を用いると仮定すると，$\boldsymbol{W} = \boldsymbol{U}\boldsymbol{V}^\top$ のように行列 $\boldsymbol{W}$ は低ランクになります．このとき，$\boldsymbol{U} \in \mathbb{R}^{d' \times r}$ は全タスクに共通の部分空間の基底，$\boldsymbol{V} \in \mathbb{R}^{T \times r}$ はこの r 次元空間におけるそれぞれのタスクに特有の係数ベクトルを表します．この行列のランク r はタスクの数 T を超えることはなく，実質的なタスクの数と捉えることができます．つまりタスクが類似していればしているほど，r は小さくなります．また，グループ ℓ_1 ノルムを用いて全タスクに共通の変数を選択することは共通の部分空間を選択することの特殊な場合です．

協調フィルタリングの場合と同様に $\boldsymbol{W}$ に対するランク制約をトレースノルム正則化（あるいはトレースノルム制約）で置き換えることにより，低ランク性に基づくマルチタスク学習を

$$\underset{\boldsymbol{w}_1,\ldots,\boldsymbol{w}_T \in \mathbb{R}^d}{\text{minimize}} \quad \sum_{t=1}^{T} \hat{L}_t(\boldsymbol{w}_t) + \lambda \|\boldsymbol{W}\|_* \tag{8.3}$$

のように定式化することができます．

8.1.3 行列を入力とする分類問題

訓練データ $(\boldsymbol{X}_i, y_i)_{i=1}^n$ に基づく2値分類問題を考えます．ただし，$\boldsymbol{X}_i \in \mathbb{R}^{d_1 \times d_2}$ は行列で $y_i \in \{-1, +1\}$ は2値ラベルです．ここで単純に $\boldsymbol{X}_i$ を $d_1 d_2$ 次元のベクトルとして扱うこともできますが，例えば，時空間データ

（行が空間，列が時間に対応する行列）や共分散行列のように行列としての構造に意味がある場合，ベクトル化してしまうとこれらの構造を見失ってしまいます．

行列 $\boldsymbol{X}$ を入力とする線形モデル

$$f(\boldsymbol{X}) = \langle \boldsymbol{X}, \boldsymbol{W} \rangle + b$$

を考えると，係数 $\boldsymbol{W}$ も行列になります．ここで，b はバイアス項です．一般に入力行列 $\boldsymbol{X}_1, \ldots, \boldsymbol{X}_n$ は低ランクとは限りませんが，係数行列 $\boldsymbol{W}$ が低ランクということは比較的緩い仮定です．例えば，$\boldsymbol{X}$ の行が空間，列が時間に対応する時空間データの場合，特異値分解 $\boldsymbol{W} = \sum_{j=1}^{r} \sigma_j \boldsymbol{u}_j \boldsymbol{v}_j{}^\top$ を考えると，

$$f(\boldsymbol{X}) = \sum_{j=1}^{r} \sigma_j \cdot \boldsymbol{u}_j{}^\top \boldsymbol{X} \boldsymbol{v}_j$$

であり，特異ベクトル $\boldsymbol{u}_j, \boldsymbol{v}_j$ はそれぞれ空間，時間方向の特徴を抽出するフィルタ，特異値 σ_j は特徴に対する重みと解釈することができます．

係数行列 $\boldsymbol{W}$ に関するランク制約の代わりにトレースノルム正則化を用いると，上記 2 値分類問題を

$$\underset{\boldsymbol{W} \in \mathbb{R}^{d_1 \times d_2}, b \in \mathbb{R}}{\text{minimize}} \quad \sum_{i=1}^{n} \ell(y_i, \langle \boldsymbol{X}_i, \boldsymbol{W} \rangle + b) + \lambda \|\boldsymbol{W}\|_* \tag{8.4}$$

のように定式化することができます．ここで，ℓ は損失関数でヒンジ損失 (2.11) やロジスティック損失 (2.9) を用いることができます．

8.2　数学的性質

8.2.1　さまざまな定義

補題 8.1

トレースノルムは等価に以下のように表現することができます．

$$\|\boldsymbol{W}\|_* = \max_{\boldsymbol{X}} \langle \boldsymbol{X}, \boldsymbol{W} \rangle \ \text{subject to} \ \|\boldsymbol{X}\| \leq 1 \tag{8.5}$$

$$\|\boldsymbol{W}\|_* = \min_{\boldsymbol{P},\boldsymbol{Q}} \frac{1}{2}(\mathrm{tr}(\boldsymbol{P}) + \mathrm{tr}(\boldsymbol{Q})) \ \text{subject to} \ \begin{bmatrix} \boldsymbol{P} & \boldsymbol{W} \\ \boldsymbol{W}^\top & \boldsymbol{Q} \end{bmatrix} \succeq 0 \tag{8.6}$$

$$\|\boldsymbol{W}\|_* = \min_{\boldsymbol{U},\boldsymbol{V}} \frac{1}{2}\left(\|\boldsymbol{U}\|_F^2 + \|\boldsymbol{V}\|_F^2\right) \ \text{subject to} \ \boldsymbol{W} = \boldsymbol{U}\boldsymbol{V}^\top \tag{8.7}$$

ここで式 (8.5) の右辺のノルム $\|\boldsymbol{X}\|$ は**スペクトルノルム**（spectral norm）であり，

$$\|\boldsymbol{X}\| = \max_{\boldsymbol{v}\in\mathbb{R}^{d_2}} \|\boldsymbol{X}\boldsymbol{v}\|_2 \ \text{subject to} \ \|\boldsymbol{v}\|_2 \leq 1 \tag{8.8}$$

と定義します．これは行列 $\boldsymbol{X}$ の最大特異値 σ_1（メモ 8.1 を参照）に一致します．

証明.

まず，式 (8.5) において $\boldsymbol{X}$ のスペクトルノルムが 1 で抑えられていることから，任意の $\boldsymbol{u} \in \mathbb{R}^{d_1}$, $\boldsymbol{v} \in \mathbb{R}^{d_2}$ に対して，

$$\boldsymbol{u}^\top \boldsymbol{X}\boldsymbol{v} \leq \|\boldsymbol{u}\|_2 \cdot \|\boldsymbol{X}\boldsymbol{v}\|_2 \leq \|\boldsymbol{u}\|_2 \cdot \|\boldsymbol{v}\|_2$$

が成立します．したがって，任意の分解 $\boldsymbol{W} = \sum_{j=1}^r \boldsymbol{u}_j \boldsymbol{v}_j{}^\top$ に対して，

$$\langle \boldsymbol{X}, \boldsymbol{W} \rangle = \sum_{j=1}^r \boldsymbol{u}_j{}^\top \boldsymbol{X}\boldsymbol{v}_j$$

$$
\begin{aligned}
&\leq \sum_{j=1}^{r} \|\boldsymbol{u}_j\|_2 \cdot \|\boldsymbol{v}_j\|_2 \\
&\leq \sum_{j=1}^{r} \frac{1}{2}\left(\|\boldsymbol{u}_j\|_2^2 + \|\boldsymbol{v}_j\|_2^2\right) \\
&= \frac{1}{2}\left(\|\boldsymbol{U}\|_F^2 + \|\boldsymbol{V}\|_F^2\right)
\end{aligned}
$$

が成立します．したがって，左辺を最大化し，右辺を最小化することで，

$$
\text{式 (8.5) の右辺} \leq \text{式 (8.7) の右辺}
$$

を得ます．ところが，行列 $\boldsymbol{W}$ の特異値分解を $\boldsymbol{W} = \tilde{\boldsymbol{U}}\boldsymbol{\Sigma}\tilde{\boldsymbol{V}}^\top$ とし，$\boldsymbol{X} = \tilde{\boldsymbol{U}}\tilde{\boldsymbol{V}}^\top$ とおくと，$\|\boldsymbol{X}\| \leq 1$ を満たすため，

$$
\|\boldsymbol{W}\|_* = \langle \tilde{\boldsymbol{U}}\tilde{\boldsymbol{V}}^\top, \boldsymbol{W} \rangle \leq \text{式 (8.5) の右辺}
$$

が成立します．また，$\boldsymbol{U} = \tilde{\boldsymbol{U}}\boldsymbol{\Sigma}^{1/2}$, $\boldsymbol{V} = \tilde{\boldsymbol{V}}\boldsymbol{\Sigma}^{1/2}$ とおくと，

$$
\text{式 (8.7) の右辺} \leq \frac{1}{2}\left(\|\tilde{\boldsymbol{U}}\boldsymbol{\Sigma}^{1/2}\|_F^2 + \|\tilde{\boldsymbol{V}}\boldsymbol{\Sigma}^{1/2}\|_F^2\right) = \|\boldsymbol{W}\|_*
$$

が成立します．したがって，

$$
\|\boldsymbol{W}\|_* \leq \text{式 (8.5) の右辺} \leq \text{式 (8.7) の右辺} \leq \|\boldsymbol{W}\|_*
$$

が成立し，式 (8.5), 式 (8.7) を示すことができました．

同様に，式 (8.5) の条件 $\|\boldsymbol{X}\| \leq 1$ は定義より，任意の単位ベクトル $\boldsymbol{u} \in \mathbb{R}^{d_1}$，$\boldsymbol{v} \in \mathbb{R}^{d_2}$ に対して

$$
\boldsymbol{u}^\top \boldsymbol{X} \boldsymbol{v} \leq 1
$$

であるため，

$$
\begin{bmatrix} \boldsymbol{u}^\top & \boldsymbol{v}^\top \end{bmatrix} \begin{bmatrix} \boldsymbol{I}_{d_1} & -\boldsymbol{X} \\ -\boldsymbol{X}^\top & \boldsymbol{I}_{d_2} \end{bmatrix} \begin{bmatrix} \boldsymbol{u} \\ \boldsymbol{v} \end{bmatrix} \geq 0 \quad \Leftrightarrow \quad \begin{bmatrix} \boldsymbol{I}_{d_1} & -\boldsymbol{X} \\ -\boldsymbol{X}^\top & \boldsymbol{I}_{d_2} \end{bmatrix} \succeq 0
$$

と表現することができます（メモ **8.2** を参照）．したがって，不等式 (8.10) を用いることにより，

$$
\left\langle \begin{bmatrix} \boldsymbol{I}_{d_1} & -\boldsymbol{X} \\ -\boldsymbol{X}^\top & \boldsymbol{I}_{d_2} \end{bmatrix}, \begin{bmatrix} \boldsymbol{P} & \boldsymbol{W} \\ \boldsymbol{W}^\top & \boldsymbol{Q} \end{bmatrix} \right\rangle \geq 0
$$

行列 $\boldsymbol{P} \in \mathbb{R}^{d\times d}$ が対称かつ，任意の $\boldsymbol{x} \in \mathbb{R}^d$ に対して

$$\boldsymbol{x}^\top \boldsymbol{P}\boldsymbol{x} \geq 0 \tag{8.9}$$

を満たすとき，行列 $\boldsymbol{P}$ は半正定（positive semidefinite）行列であるといいます．これは $\boldsymbol{P}$ のすべての固有値が非負（対称行列は複素固有値を持ちません）であることと等価です．またこれを $\boldsymbol{P} \succeq 0$ と書きます，半正定行列の特異値は固有値に一致し，トレースノルムはトレース $\mathrm{tr}(\boldsymbol{X})$ に一致します．

対角に非負要素を持つ対角行列は半正定行列であるため，半正定行列は非負ベクトルの一般化と考えることができます．例えば，任意の同じ大きさの 2 つの半正定行列 $\boldsymbol{P}, \boldsymbol{Q} \succeq 0$ に対して

$$\langle \boldsymbol{P}, \boldsymbol{Q} \rangle \geq 0 \tag{8.10}$$

が成立します．この証明は，固有値分解 $\boldsymbol{Q} = \sum_{j=1}^d \lambda_j \boldsymbol{u}_j \boldsymbol{u}_j{}^\top$ を代入すると，

$$\langle \boldsymbol{P}, \boldsymbol{Q} \rangle = \sum_{i=1}^{d} \lambda_j \cdot \boldsymbol{u}_j{}^\top \boldsymbol{P}\boldsymbol{u}_j$$

であり，定義 (8.9)，$\lambda_j \geq 0$，および任意の同じ長さの 2 つの非負ベクトル $\boldsymbol{x}, \boldsymbol{y} \geq 0$ に関して $\sum_{j=1}^d x_j y_j \geq 0$ が成り立つことに基づきます．

変数に関する半正定値制約，等式制約，および線形目的関数からなる最適化問題を半正定値計画（semidefinite programming, SDP）と呼びます．

メモ 8.2 半正定行列

が成立し，

$$\langle \boldsymbol{X}, \boldsymbol{W} \rangle \leq \frac{1}{2}\left(\mathrm{tr}(\boldsymbol{P}) + \mathrm{tr}(\boldsymbol{Q})\right)$$

を得ます．左辺を最大化し，右辺を最小化することにより，

$$\text{式 (8.5) の右辺} \leq \text{式 (8.6) の右辺}$$

を得ます．ところが，$\boldsymbol{P} = \tilde{\boldsymbol{U}}\boldsymbol{\Sigma}\tilde{\boldsymbol{U}}^\top, \boldsymbol{Q} = \tilde{\boldsymbol{V}}\boldsymbol{\Sigma}\tilde{\boldsymbol{V}}^\top$ とおくと，

$$\begin{bmatrix} \boldsymbol{P} & \boldsymbol{W} \\ \boldsymbol{W}^\top & \boldsymbol{Q} \end{bmatrix} = \begin{bmatrix} \boldsymbol{U} \\ \boldsymbol{V} \end{bmatrix} \boldsymbol{\Sigma} \begin{bmatrix} \boldsymbol{U}^\top & \boldsymbol{V}^\top \end{bmatrix}$$

であるため，式 (8.6) の半正定性を満たし，さらに

$$\text{式 (8.6) の右辺} \leq \frac{1}{2}\left(\mathrm{tr}(\tilde{\boldsymbol{U}}\boldsymbol{\Sigma}\tilde{\boldsymbol{U}}^\top) + \mathrm{tr}(\tilde{\boldsymbol{V}}\boldsymbol{\Sigma}\tilde{\boldsymbol{V}}^\top)\right) = \|\boldsymbol{W}\|_*$$

を得るため,

$$\|\boldsymbol{W}\|_* = \text{式 (8.5) の右辺} \leq \text{式 (8.6) の右辺} \leq \|\boldsymbol{W}\|_*$$

が成立し,式 (8.6) を示すことができました. □

上の補題の 3 つの表現はそれぞれ重要です.式 (8.5) はトレースノルムがスペクトルノルムの双対ノルム(メモ 5.1 を参照)であることを意味します.したがって,トレースノルムはノルムであり,凸関数です.

式 (8.6) はトレースノルムが線形行列不等式として表現できることを意味します.このことから,損失関数がヒンジ損失のように区分線形であるか,二乗誤差の場合,トレースノルム正則化に基づく学習を半正定値計画問題(メモ 8.2 を参照)に帰着できることがわかります.

式 (8.7) はトレースノルム最小化と因子行列 $\boldsymbol{U}, \boldsymbol{V}$ のフロベニウスノルム二乗の最小化が等価であることを意味します.したがって,行列 $\boldsymbol{U}, \boldsymbol{V}$ の列の数を十分多くとれば,交互最小化などの比較的簡単な最小化法で済ませることができます.また,生成モデルとしてみると,$\boldsymbol{U}, \boldsymbol{V}$ に関するフロベニウスノルム二乗正則化は $\boldsymbol{U}, \boldsymbol{V}$ に関して独立な正規分布の事前分布を仮定していることと等価であるため,生成モデルの観点からより自然にトレースノルムを定義することができます.

8.2.2 ランクとの関係

以下の補題にランクが r の行列はトレースノルムとフロベニウスノルムの比が $\sqrt{r}$ で抑えられることを示します.

補題 8.2

$\boldsymbol{W} \in \mathbb{R}^{d_1 \times d_2}$ のランクが r 以下ならば不等式

$$\|\boldsymbol{W}\|_* \leq \sqrt{r}\|\boldsymbol{W}\|_F$$

が成立します.

フロベニウスノルムは $d_1 \times d_2$ 行列を $d_1 d_2$ 次元のベクトルと捉えたときの ℓ_2 ノルムに等しいため,この補題は補題 5.2 を行列のスペクトルに対して自然に拡張するものです.

証明.

行列 $\boldsymbol{W}$ の特異値を $\sigma_1, \ldots, \sigma_d$ とします．，トレースノルムの定義より

$$\|\boldsymbol{W}\|_* = \sum_{j=1}^{d} \sigma_j \leq \sqrt{\sum_{j=1}^{r} 1} \sqrt{\sum_{j=1}^{r} \sigma_j^2} = \sqrt{r} \|\boldsymbol{W}\|_F$$

ここで，第 1 の不等式では行列 $\boldsymbol{W}$ のランクが r 以下であるため，ゼロでない特異値の数は r 以下であることおよび，コーシー・シュワルツの不等式を用いました． □

8.2.3 変分表現

トレースノルムに関しても ℓ_1 ノルムやグループ ℓ_1 ノルムと同様に，変分表現が可能です．

補題 8.3

トレースノルムは等価に以下のように変分表現することが可能です．

$$\|\boldsymbol{W}\|_* = \min_{\boldsymbol{\Phi}} \frac{1}{2} \left(\mathrm{tr}\left(\boldsymbol{W}^\top \boldsymbol{\Phi}^+ \boldsymbol{W} \right) + \mathrm{tr}(\boldsymbol{\Phi}) \right) \quad \text{subject to} \quad \boldsymbol{\Phi} \succeq 0 \tag{8.11}$$

ただし，上付き $+$ は擬似逆行列を表し，制約 $\boldsymbol{\Phi} \succeq 0$ は $\boldsymbol{\Phi}$ が半正定値行列であることを意味します（メモ 8.2 を参照）．

証明.

$\boldsymbol{\Phi} = (\boldsymbol{W}^\top \boldsymbol{W})^{1/2}$ とすると（行列の平方根に関しては**メモ 8.3** を参照），最小化問題 (8.11) の右辺は

$$\begin{aligned} \text{式 (8.11) の右辺} &\leq \frac{1}{2} \left(\mathrm{tr}\left(\boldsymbol{W}^\top ((\boldsymbol{W}\boldsymbol{W}^\top)^{1/2})^+ \boldsymbol{W} \right) + \mathrm{tr}(\boldsymbol{W}\boldsymbol{W}^\top)^{1/2} \right) \\ &= \mathrm{tr}\left(\boldsymbol{W}\boldsymbol{W}^\top \right)^{1/2} = \|\boldsymbol{W}\|_* \end{aligned}$$

となります．

一方，式 (8.11) の右辺は変数 $\boldsymbol{X} \in \mathbb{R}^{d_1 \times d_2}$ を導入することにより，

$$
\begin{aligned}
\text{式 (8.11) の右辺} &= \min_{\boldsymbol{\Phi}\succeq 0} \max_{\boldsymbol{X}} \left(-\frac{1}{2}\mathrm{tr}\left(\boldsymbol{X}^\top \boldsymbol{\Phi} \boldsymbol{X}\right) + \mathrm{tr}\left(\boldsymbol{X}^\top \boldsymbol{W}\right) + \frac{1}{2}\mathrm{tr}\left(\boldsymbol{\Phi}\right) \right) \\
&\geq \min_{\boldsymbol{\Phi}\succeq 0} \left(\frac{1}{2}\mathrm{tr}\left(\boldsymbol{\Phi}(\boldsymbol{I}_{d_1} - \boldsymbol{U}\boldsymbol{U}^\top)\right) \right) + \|\boldsymbol{W}\|_* \\
&\geq \|\boldsymbol{W}\|_*
\end{aligned}
$$

を得ます．ただし，1 行目の等号は $\boldsymbol{X} = \boldsymbol{\Phi}^+ \boldsymbol{W}$ とおくことで得られます．また，2 行目では $\boldsymbol{W}$ の特異値分解 $\boldsymbol{W} = \boldsymbol{U}\boldsymbol{S}\boldsymbol{V}^\top$ を用いて，$\boldsymbol{X} = \boldsymbol{U}\boldsymbol{V}^\top$ を代入し，最後の行では $\boldsymbol{\Phi} \succeq 0$ および $\boldsymbol{I}_{d_1} - \boldsymbol{U}\boldsymbol{U}^\top \succeq 0$ を用いました．

上の 2 つの不等式から式 (8.11) の右辺がトレースノルムに等しいことがわかります． □

正方行列 $\boldsymbol{A} \in \mathbb{R}^{d\times d}$ が固有値分解

$$\boldsymbol{A} = \boldsymbol{U}\boldsymbol{\Lambda}\boldsymbol{U}^{-1} = \boldsymbol{U}\mathrm{diag}(\lambda_1, \ldots, \lambda_d)\boldsymbol{U}^{-1}$$

を持つならば，任意の自然数 p に対して

$$\boldsymbol{A}^p = \boldsymbol{A}\cdot\boldsymbol{A}\cdots\boldsymbol{A} = (\boldsymbol{U}\boldsymbol{\Lambda}\boldsymbol{U}^{-1})(\boldsymbol{U}\boldsymbol{\Lambda}\boldsymbol{U}^{-1})\cdots(\boldsymbol{U}\boldsymbol{\Lambda}\boldsymbol{U}^{-1}) = \boldsymbol{U}\boldsymbol{\Lambda}^p\boldsymbol{U}^{-1}$$

が成り立つため，任意の 1 変数多項式 f に関して

$$f(\boldsymbol{A}) = \boldsymbol{U}\mathrm{diag}(f(\lambda_1), \ldots, f(\lambda_d))\boldsymbol{U}^{-1}$$

が成り立ちます．ここで，$\lambda_1, \ldots, \lambda_d$ は $\boldsymbol{A}$ の**固有値**（eigenvalue）です．

行列 $\boldsymbol{A}$ が半正定行列であれば，すべての固有値は非負であるため，平方根を考えることができて，

$$\boldsymbol{A}^{1/2} = \boldsymbol{U}\boldsymbol{\Lambda}^{1/2}\boldsymbol{U}^\top$$

が得られます．実際，

$$\boldsymbol{A}^{1/2}\boldsymbol{A}^{1/2} = (\boldsymbol{U}\boldsymbol{\Lambda}^{1/2}\boldsymbol{U}^\top)(\boldsymbol{U}\boldsymbol{\Lambda}^{1/2}\boldsymbol{U}^\top) = \boldsymbol{U}\boldsymbol{\Lambda}\boldsymbol{U}^\top = \boldsymbol{A}$$

が成立します．ここで，本書では半正定行列の定義に $\boldsymbol{A}$ が対称であることを含めているので，この場合には固有ベクトル $\boldsymbol{U}$ は直交行列になることに注意してください．さらに，行列の平方根は行列の要素ごとに平方根を計算することとは異なることに注意してください．

メモ 8.3 行列の平方根

8.2.4 prox 作用素

補題 8.4

トレースノルムに関する prox 作用素，すなわち

$$\mathrm{prox}_{\lambda}^{\mathrm{tr}}(\boldsymbol{Y}) = \mathop{\mathrm{argmin}}_{\boldsymbol{W}\in\mathbb{R}^{d_1\times d_2}} \left(\frac{1}{2}\|\boldsymbol{Y}-\boldsymbol{W}\|_F^2 + \lambda\|\boldsymbol{W}\|_*\right) \tag{8.12}$$

は，行列 $\boldsymbol{Y}$ の特異値分解を $\boldsymbol{Y}=\boldsymbol{U\Sigma V}^\top$ とすると，解析的に

$$\mathrm{prox}_{\lambda}^{\mathrm{tr}}(\boldsymbol{Y}) = \boldsymbol{U}\max\left(\boldsymbol{\Sigma}-\lambda\boldsymbol{I}_d, 0\right)\boldsymbol{V}^\top \tag{8.13}$$

と書くことができます．ここで，$d=\min(d_1,d_2)$，max は要素ごとに作用するとします．

式 (8.13) で λ 以下の特異値は max 操作で消えてしまうので，prox 作用素に影響するのは特異値が λ より大きい特異値とそれに対応する特異ベクトルであることに注意してください．

証明.

トレースノルムの劣微分は，行列 $\boldsymbol{W}$ のゼロでない特異値に対する特異ベクトルを $\boldsymbol{U}_1\in\mathbb{R}^{d_1\times r}$, $\boldsymbol{V}_1\in\mathbb{R}^{d_2\times r}$ として，集合

$$\begin{aligned}\partial\|\boldsymbol{W}\|_* = \{&\boldsymbol{U}_1{\boldsymbol{V}_1}^\top + \boldsymbol{D} : \boldsymbol{D}\in\mathbb{R}^{d_1\times d_2}\\ &\text{subject to}\quad {\boldsymbol{U}_1}^\top\boldsymbol{D}=0,\ \boldsymbol{D}\boldsymbol{V}_1=0,\ \|\boldsymbol{D}\|\le 1\}\end{aligned}$$

として表すことができます．ここで，行列 $\boldsymbol{D}$ に対する最後の制約はスペクトルノルムが 1 以下というもので，行列 $\boldsymbol{D}$ の最大特異値が 1 以下と言い換えることができます．

したがって，劣微分に関する条件より最小化問題 (8.12) を最小化する $\boldsymbol{W}$ は，$\boldsymbol{U}_2\in\mathbb{R}^{d_1\times(d_1-r)}$, $\boldsymbol{V}_2\in\mathbb{R}^{d_2\times(d_2-r)}$ をそれぞれ $\boldsymbol{U}_1$, $\boldsymbol{V}_1$ の直交補空間の基底とすると，行列 $\boldsymbol{D}$ が存在して，

$$\begin{bmatrix}{\boldsymbol{U}_1}^\top\\ {\boldsymbol{U}_2}^\top\end{bmatrix}(\boldsymbol{Y}-\boldsymbol{W})\begin{bmatrix}\boldsymbol{V}_1 & \boldsymbol{V}_2\end{bmatrix} = \begin{bmatrix}\lambda\boldsymbol{I}_r & 0\\ 0 & \lambda\tilde{\boldsymbol{D}}\end{bmatrix}$$

を満たさなければいけません．ただし，$\tilde{\boldsymbol{D}}={\boldsymbol{U}_2}^\top\boldsymbol{D}\boldsymbol{V}_2$ と定義しました．定

義から，$\|\tilde{\boldsymbol{D}}\| \leq 1$ です．

したがって，4 つの方程式

$$
\begin{aligned}
\boldsymbol{U}_1{}^\top \boldsymbol{Y} \boldsymbol{V}_1 &= \lambda \boldsymbol{I} + \boldsymbol{\Sigma}_1 \\
\boldsymbol{U}_1{}^\top \boldsymbol{Y} \boldsymbol{V}_2 &= 0 \\
\boldsymbol{U}_2{}^\top \boldsymbol{Y} \boldsymbol{V}_1 &= 0 \\
\boldsymbol{U}_2{}^\top \boldsymbol{Y} \boldsymbol{V}_2 &= \lambda \tilde{\boldsymbol{D}}
\end{aligned}
$$

を得ます．ここで，$\boldsymbol{\Sigma}_1 = \boldsymbol{U}_1{}^\top \boldsymbol{W} \boldsymbol{V}_1$ は特異ベクトル $\boldsymbol{U}_1, \boldsymbol{V}_1$ の各列に対応する特異値を対角要素とする行列です．

左上ブロック要素に対応する方程式から，$\boldsymbol{U}_1{}^\top \boldsymbol{Y} \boldsymbol{V}_1$ は対角行列であり，その対角要素は λ 以上であることがわかります．また非対角ブロック要素に対応する方程式から，$\boldsymbol{U}_1$，$\boldsymbol{V}_1$ は $\boldsymbol{Y}$ を対角化することがわかります．さらに，右下ブロック要素に対応する方程式から $\boldsymbol{U}_2{}^\top \boldsymbol{Y} \boldsymbol{V}_2$ は必ずしも対角ではないものの，最大特異値は λ 以下であることがわかります．したがって，特異値分解の一意性より，$\boldsymbol{U}_1, \boldsymbol{V}_1$ は行列 $\boldsymbol{Y}$ の λ より大きい特異値に対応する特異ベクトルに一致し，

$$
\boldsymbol{\Sigma}_1 = \boldsymbol{U}_1{}^\top \boldsymbol{Y} \boldsymbol{V}_1 - \lambda \boldsymbol{I}
$$

であることがわかります． □

8.3 理論

トレースノルムを用いた行列推定の性能は非常によく研究されています．ノイズのない場合の結果としては，協調フィルタリングの問題に代表される行列補完の設定で，Candès と Recht [9], Candès と Tao [11], Recht [67] によって一様にランダムに要素を選ぶ仮定のもとで，$O(dr\mathrm{polylog}(d))$ 個の観測値から高い確率で一意に真の行列を推定できることが示されています．ここで，$\mathrm{polylog}(d)$ は $\log(d)$ の多項式のオーダーであることを意味します．

また，ノイズのないランダムガウス観測から低ランク行列を推定する問題では，Amelunxen ら [1] によってトレースノルムに関する降下錐の統計的次元が計算され，ℓ_1 ノルムの場合の定理 4.1 に相当する非常に鋭い結果が得ら

れています．

ノイズのある行列補完に関しては Keshavan ら [45]，Negahban と Wainwright [57]，Foygel と Srebro [32] などで研究されています．

Negahban と Wainwright の結果は ℓ_1 ノルムの場合と同様に制限強凸性に基づいています．このとき，仮定 5.1 の一般化として，フロベニウスノルムに対するトレースノルムの比 $\|\boldsymbol{\Delta}\|_*/\|\boldsymbol{\Delta}\|_F$ が r 以下であるという制限集合を考えても，

$$\frac{1}{n}\|\mathfrak{X}(\boldsymbol{\Delta})\|_2^2 \geq \kappa\|\boldsymbol{\Delta}\|_F^2$$

は（高い確率では）成立しないことに注意してください．ここで，$\mathfrak{X}:\mathbb{R}^{d_1\times d_2}\to\mathbb{R}^n$ は入力として与えられた行列の n 個の観測要素 $(i_1,j_1),\ldots,(i_n,j_n)$ を縦に並べたベクトルを出力する関数です．

例えば $\boldsymbol{e}_i$ を標準基底の第 i 基底ベクトルとすると，$\boldsymbol{\Delta}=\boldsymbol{e}_i\boldsymbol{e}_j^\top$ はランク 1 ですが，Ω に (i,j) 要素が含まれていない限り，上の不等式の左辺はゼロになります．Ω を一様にランダムに選ぶ場合，(i,j) が選ばれる確率は $n=o(d_1d_2)$ ならばほぼゼロです．

Negahban と Wainwright ではこのような場合により適した制限集合として

$$\mathcal{C}(r)=\left\{\boldsymbol{\Delta}\in\mathbb{R}^{d_1\times d_2}:\boldsymbol{\Delta}\neq 0,\ \frac{\|\boldsymbol{\Delta}\|_{\ell_\infty}}{\|\boldsymbol{\Delta}\|_F/\sqrt{d_1d_2}}\cdot\frac{\|\boldsymbol{\Delta}\|_*}{\|\boldsymbol{\Delta}\|_F}\leq r\right\}$$

を考えています *1．ここで，$\|\cdot\|_{\ell_\infty}$ は要素ごとの ℓ_∞ ノルム，$\|\cdot\|_*$ はトレースノルムです．分母の $\|\boldsymbol{\Delta}\|_F/\sqrt{d_1d_2}$ は要素の二乗平均の平方根なので，ℓ_∞ ノルムとこの項の比は大きければ大きいほど行列 $\boldsymbol{\Delta}$ が尖っている（spiky, 飛び抜けて平均より大きい要素がある）ことを意味します．上の $\boldsymbol{\Delta}=\boldsymbol{e}_i\boldsymbol{e}_j^\top$ の例は典型的な尖っている行列です．このような行列を除外するためにこのような制約集合を考えているわけです．

このような解析をもとに観測要素が一様にランダムに選ばれ，観測値は独立な雑音 $\xi_{i,j}\sim\mathcal{N}(0,\sigma^2)$ を伴って

$$Y_{i,j}=W^*_{i,j}+\xi_{i,j}$$

---

*1 この論文では各行各列が非一様な確率で選ばれるというより一般的な状況を扱っていますが，簡単のため，ここではすべての行／列が等しい確率で選ばれる状況を考えます．

のように得られたとき，推定量

$$\hat{\boldsymbol{W}} = \underset{\boldsymbol{W} \in \mathbb{R}^{d_1 \times d_2} : \|\boldsymbol{W}\|_{\ell_\infty} \leq \alpha^*}{\operatorname{argmin}} \left(\frac{1}{2n} \sum_{(i,j) \in \Omega} (Y_{i,j} - W_{i,j})^2 + \lambda_n \|\boldsymbol{W}\|_* \right)$$

に関して，定理 8.1 を得ることができます．

定理 8.1

真の低ランク行列 $\boldsymbol{W}^*$ はランク r，フロベニウスノルム $\|\boldsymbol{W}^*\|_F \leq \sqrt{d_1 d_2}$ かつ，要素ごとの ℓ_∞ ノルムに関して $\|\boldsymbol{W}^*\|_{\ell_\infty} \leq \alpha^*$ を満たすとします．サンプル数 $n \geq d \log(d)$ かつ正則化パラメータ $\lambda_n \geq \max(4\sigma, 1)\sqrt{\log(d)/nd}$ の仮定のもとで，定数 c, c' が存在し，高い確率で

$$\frac{1}{d_1 d_2} \|\hat{\boldsymbol{W}} - \boldsymbol{W}^*\|_F^2 \leq c \max(1, \sigma^2)(\alpha^*)^2 \frac{r d \log(d)}{n}$$

が成立します．ただし，$d = (d_1 + d_2)/2$ とします．

証明.

証明は Negahban と Wainwright [57]，Corollary 1 を参照してください． □

ここで真の行列 $\boldsymbol{W}^*$ および推定量 $\hat{\boldsymbol{W}}$ に関して要素ごとの ℓ_∞ ノルムが α^* 以下という仮定および制約が加わっていることに注意してください．上の議論から真の行列 $\boldsymbol{W}^*$ が極端に平均よりも絶対値の大きい要素を持つ場合には，どのような方法を用いても観測位置をランダムに選ぶ限り，性能保証を与えることはできません．同様の ℓ_∞ ノルム制約は Foygel と Srebro [32] でも用いられています．ノイズのない状況の Candès と Recht [9], Candès と Tao [11] の解析や，ノイズのある状況の Keshavan ら [45] の解析で用いられている**非干渉性** (incoherence) 仮定も，同様の動機から真の行列 $\boldsymbol{W}^*$ の特異ベクトルが特定の要素に集中せず十分広がっていることを要求しています．ただし，Negahban と Wainwright [57] で議論されているように，ノイズのある状況では特異値の大きさに関する仮定を避けることは不可能であり，$\boldsymbol{W}^*$

の特異ベクトルの仮定として表現するよりも，$\boldsymbol{W}^*$ のノルムに関する仮定として表現した方が直接的であると筆者は考えます．

8.4 最適化

8.4.1 繰り返し重み付き縮小法

6.3 節で扱った繰り返し重み付き縮小法を補題 8.3 を用いてトレースノルム正則化に拡張することができます．具体的には

1. $\boldsymbol{\Phi}^1 = \boldsymbol{I}_{d_1}$ と初期化します
2. 収束するまで以下を繰り返します

   (a) $\boldsymbol{W}^t$ の更新：

$$\boldsymbol{W}^t = \underset{\boldsymbol{W} \in \mathbb{R}^{d_1 \times d_2}}{\operatorname{argmin}} \left(\hat{L}(\boldsymbol{W}) + \frac{\lambda}{2} \mathrm{tr} \left(\boldsymbol{W}^\top (\boldsymbol{\Phi}^t)^+ \boldsymbol{W} \right) \right)$$

   (b) $\boldsymbol{\Phi}^t$ の更新：

$$\boldsymbol{\Phi}^{t+1} = (\boldsymbol{W}\boldsymbol{W}^\top)^{1/2}$$

ベクトル $\boldsymbol{w}$ に関する繰り返し重み付き縮小法は $\boldsymbol{W} = \mathrm{diag}(\boldsymbol{w})$ と定義することで特殊な場合として得られます．このとき，ベクトル $\boldsymbol{w}$ がスパースになることと行列 $\boldsymbol{W}$ が低ランクになることは等価です．

上記アルゴリズムはベクトルの場合と同様，行列 $\boldsymbol{W}$ が低ランクに近づくにつれて逆行列の計算が特異に近くなるという問題があります．したがって，高い精度の解を得るのには適していません．ただし，既存の ℓ_2 ノルム正則化のためのソルバーがあればそれを利用することができるため，簡易であるというメリットはあります．

8.4.2 （加速付き）近接勾配法

一般のトレースノルム正則化付き学習問題に対する近接勾配法は反復式

$$\boldsymbol{W}^{t+1} = \mathrm{prox}_{\lambda\eta_t}^{\mathrm{tr}} \left(\boldsymbol{W}^t - \eta_t \nabla \hat{L}(\boldsymbol{W}^t) \right)$$

で書くことができます．ここで，η_t はステップサイズで 6.4 節で議論したように損失関数 $\hat{L}$ のなめらかさに応じて適切に選ぶ必要があります．また，加速付き近接勾配法もアルゴリズム 6.1 を拡張することで比較的簡単に実装することができます [43]．

補題 8.4 で示したようにトレースノルムに関する prox 作用素は正則化パラメータ λ より大きい特異値，特異ベクトルを計算することで比較的容易に得ることができます．ただし，より効率的に行うには以下の 2 つの工夫が有効です．

1. **パラメータ λ 以上の特異値および特異ベクトルのみを計算する方法**
   多くの特異値ソルバーは上位 k 個の特異値を求めることはできますが，パラメータ λ 以上の特異値を計算することはできません．そこで，**アルゴリズム 8.1** のように k を少しずつ増やしながらパラメータ λ 以上の特異値を計算することが行われます．ただし，k の初期値 k_{init} は 2 回目以降の反復では前回の prox 操作で得られた特異値の数に 1 を加えたものとすることで，無駄な試行を防ぐことができます．上位 k 特異値，特異ベクトルを求めるには PROPACK [49] やランダム射影に基づく方法 [38] などを用いることができます．

アルゴリズム 8.1　パラメータ λ 以上の特異値・特異ベクトルの計算

入力: 行列 $\boldsymbol{Y}$, パラメータ λ, 初期値 k_{init}
出力: 特異値，特異ベクトル $\boldsymbol{U}, \boldsymbol{\Sigma}, \boldsymbol{V}$

1. $k \leftarrow k_{\mathrm{init}}$
2. 行列 $\boldsymbol{Y}$ の上位 k 特異値 $\boldsymbol{\Sigma}$，特異ベクトル $\boldsymbol{U}, \boldsymbol{V}$ を計算します
3. もし最小の特異値が λ 以下であれば，$\bar{k}$ を λ 以上で最小の特異値の添字として，$\boldsymbol{U}_{:,1:\bar{k}}$，$\boldsymbol{\Sigma}_{1:\bar{k},1:\bar{k}}$，$\boldsymbol{V}_{:,1:\bar{k}}$ を返します
4. それ以外の場合，$k \leftarrow 2k$ としてステップ 2 に戻ります

2. スパース性の利用

協調フィルタリングの目的関数 (8.2) に対する近接勾配法の更新式は

$$\boldsymbol{W}^{t+1} = \mathrm{prox}^{\mathrm{tr}}_{\lambda\eta_t}\left(\boldsymbol{W}^t - \eta_t \mathfrak{X}^\top\left(\left(\left.\frac{\partial \ell(Y_{i,j}, z)}{\partial z}\right|_{z=W^t_{i,j}}\right)_{(i,j)\in\Omega}\right)\right)$$

のように書くことができます．ここで，$\mathfrak{X}^\top : \mathbb{R}^n \to \mathbb{R}^{d_1\times d_2}$ は，観測された要素の添字の集合を $\Omega = ((i_k, j_k))_{k=1}^n$ として，任意の n 次元ベクトル $\boldsymbol{y}$ に対して，$\mathfrak{X}^\top(\boldsymbol{y})$ は (i_k, j_k) 要素に y_k を持ち，それ以外はゼロである n スパースな行列と定義します．

このとき，現在の解 $\boldsymbol{W}^t$ が低ランクであれば，特異値分解を計算すべき行列は「低ランク行列＋スパース行列」の構造を持っていることがわかります．

上述の PROPACK やランダム射影などの方法は特異値分解を計算するべき行列 $\boldsymbol{Y}$ を陽にメモリ上に保持する必要はなく，$\boldsymbol{Y}\boldsymbol{x}$ や $\boldsymbol{Y}^\top\boldsymbol{x}$ のような演算が実行できれば十分です．一般に非ゼロ要素の数が s の行列とベクトルの乗算は行列の大きさによらず，計算量 $O(s)$ で行うことができます．また，ランク r の $d \times d$ 行列とベクトルの乗算は計算量 $O(rd)$ で行うことができます．したがって，低ランク部分とスパース部分に対する乗算を別々に計算したのちにそれらを合わせれば，少ないメモリで効率よく特異値分解を計算することができます．

8.4.3 双対拡張ラグランジュ法

近接勾配法と同様 prox 作用素が効率よく計算できる場合は双対拡張ラグランジュ法を考えることができます．例えば，行列を入力とする分類問題 (8.4) であれば

$$\underset{\boldsymbol{W}\in\mathbb{R}^{d_1\times d_2}, b\in\mathbb{R}}{\text{minimize}} \quad f_\ell(\mathfrak{X}(\boldsymbol{W}) + \boldsymbol{1}_n b) + \lambda\|\boldsymbol{W}\|_* \tag{8.14}$$

と書きなおすことができます．ここで，f_ℓ は，表 6.2 に挙げるようななめらかな損失関数とします．また，$\mathfrak{X}(\boldsymbol{W}) : \mathbb{R}^{d_1\times d_2} \to \mathbb{R}^n$ を

$$\mathfrak{X}(\boldsymbol{W}) = (\langle \boldsymbol{X}_i, \boldsymbol{W}\rangle)_{i=1}^n$$

と定義し，$\mathbf{1}_n$ は全要素が 1 の n 次元ベクトルを表します．

最小化問題 (8.14) の双対問題は 6.5 節と同様の導出により

$$\underset{\boldsymbol{\alpha}\in\mathbb{R}^n}{\text{minimize}} \quad f_\ell^*(-\boldsymbol{\alpha}) + \delta_{\|\cdot\|\leq\lambda}\left(\mathfrak{X}^\top(\boldsymbol{\alpha})\right) + \delta_{\cdot=0}\left(\mathbf{1}_n{}^\top\boldsymbol{\alpha}\right) \tag{8.15}$$

と書くことができます．ここで，$\delta_{\|\cdot\|\leq\lambda}$ は半径 λ のスペクトルノルム球の指示関数であり，

$$\delta_{\|\cdot\|\leq\lambda}(\boldsymbol{V}) = \begin{cases} 0, & \|\boldsymbol{V}\| \leq \lambda \\ +\infty, & \text{それ以外の場合} \end{cases}$$

と定義します．また，同様に $\delta_{\cdot=0}$ は

$$\delta_{\cdot=0}(v) = \begin{cases} 0, & v = 0 \\ +\infty, & \text{それ以外の場合} \end{cases}$$

と定義します．また，$\mathfrak{X}^\top(\boldsymbol{\alpha}) : \mathbb{R}^n \to \mathbb{R}^{d_1\times d_2}$ は

$$\mathfrak{X}^\top(\boldsymbol{\alpha}) = \sum_{i=1}^n \alpha_i \boldsymbol{X}_i$$

と定義します．

このとき，拡張ラグランジュ関数は

$$\varphi_t(\boldsymbol{\alpha}) = f_\ell^*(-\boldsymbol{\alpha}) + \frac{1}{2\eta_t}\left\|\text{prox}_{\lambda\eta_t}^{\text{tr}}\left(\boldsymbol{W}^t + \eta_t\mathfrak{X}^\top(\boldsymbol{\alpha})\right)\right\|_F^2 + \frac{1}{2\eta_t}(b^t + \eta_t\mathbf{1}_n{}^\top\boldsymbol{\alpha})^2$$

のように書け，更新式は $\boldsymbol{\alpha}^{t+1} \simeq \text{argmin}_{\boldsymbol{\alpha}\in\mathbb{R}^n}\varphi_t(\boldsymbol{\alpha})$ として，

$$\begin{aligned} \boldsymbol{W}^{t+1} &= \text{prox}_{\lambda\eta_t}^{\text{tr}}\left(\boldsymbol{W}^t + \eta_t\mathfrak{X}^\top(\boldsymbol{\alpha}^{t+1})\right), \\ b^{t+1} &= b^t + \eta_t\mathbf{1}_n{}^\top\boldsymbol{\alpha}^{t+1} \end{aligned}$$

のように書けます．内部最小化問題の停止基準はアルゴリズム 6.2 と同様です．

上記更新式をアルゴリズム 6.2 と比較すると，解 $\boldsymbol{W}^t$ が行列になっているだけでなく，正則化されていないバイアス項 b が加わっていることに注意してください．正則化されていないパラメータは正則化パラメータ $\lambda \to 0$ の極限として導出することができます．正則化パラメータ λ がゼロに近づくと

直感的には主問題側では正則化が弱まり prox 作用素は恒等写像になります.

一方, 双対問題側ではノルムに関する不等式制約は最も厳しい等式制約になります. したがって, パラメータ b^t の更新式は等式制約が充足されるまで現在の制約からの逸脱 $\mathbf{1}_n{}^\top\boldsymbol{\alpha}$ の方向に更新を加えるというものになります.

拡張ラグランジュ関数 $\varphi_t(\boldsymbol{\alpha})$ の微分は ℓ_1 ノルム, グループ ℓ_1 ノルムの場合と同様

$$\nabla\varphi_t(\boldsymbol{\alpha}) = -\nabla f_\ell^*(-\boldsymbol{\alpha}) + \mathfrak{X}(\boldsymbol{W}^{t+1}(\boldsymbol{\alpha})) + \mathbf{1}_n b^{t+1}(\boldsymbol{\alpha})$$

と書けます. ただし, $\boldsymbol{W}^{t+1}(\boldsymbol{\alpha}) = \mathrm{prox}^{\mathrm{tr}}_{\lambda\eta_t}(\boldsymbol{W}^t + \eta_t\mathfrak{X}^\top(\boldsymbol{\alpha}))$, $b^{t+1}(\boldsymbol{\alpha}) = b^t + \eta_t\mathbf{1}_n{}^\top\boldsymbol{\alpha}$ と定義します. 拡張ラグランジュ関数 $\varphi_t(\boldsymbol{\alpha})$ の 2 階微分は少々煩雑なため, ここでは省略します.

最後に停止基準について述べます. ℓ_1 ノルム, グループ ℓ_1 ノルムの場合と同様, アルゴリズム 6.2 の反復から得られる $\boldsymbol{\alpha}^t$ は双対問題の制約 $\|\mathfrak{X}^\top(\boldsymbol{\alpha})\| \leq \lambda$ および $\sum_{i=1}^n \alpha_i = 0$ を満たさないことに注意する必要があります. そこで,

$$\hat{\boldsymbol{\alpha}}^t = \boldsymbol{\alpha}^t - \frac{\mathbf{1}_n{}^\top\boldsymbol{\alpha}^t}{n}\mathbf{1}_n, \qquad \boldsymbol{U}^t = \mathfrak{X}^\top(\hat{\boldsymbol{\alpha}}^t) \tag{8.16}$$

$$\tilde{\boldsymbol{\alpha}}^t = \min(1, \lambda/\|\boldsymbol{U}^t\|)\cdot\hat{\boldsymbol{\alpha}}^t \tag{8.17}$$

と定義し, 相対双対ギャップを

$$(f(\boldsymbol{w}^t) - g(\tilde{\boldsymbol{\alpha}}^t))/f(\boldsymbol{w}^t)$$

のように計算します. ただし, f は主問題の目的関数 (8.14), g は双対問題の目的関数 (8.15) の符号を反転したものとします. ここで, 式 (8.16) は制約 $\sum_{i=1}^n \alpha_i = 0$ への直交射影であり, 式 (8.17) ではスペクトルノルム制約を満たすように $\hat{\boldsymbol{\alpha}}^t$ を縮小しています. このような操作は停止基準を計算するためだけに用いるため, アルゴリズム 6.2 の収束性には影響を与えないことに注意してください.

Chapter 9

重複型スパース正則化

本章では重複のあるスパース正則化を扱います．重複のあるスパース正則化は，例えばベクトル $\boldsymbol{w} \in \mathbb{R}^d$ の部分ベクトルや線形変換したものに関するスパース正則化項を組み合わせたもので，画像処理，統計，テンソル分解などの応用があります．

9.1 定義と具体例

正則化項 $R(\boldsymbol{w})$ が m 個の正則化項の和として

$$R(\boldsymbol{w}) = \sum_{j=1}^{m} R_j(\boldsymbol{w}) \tag{9.1}$$

と表されるとき，R を**重複型正則化項**と呼びます．ここで，7 章で扱ったグループ ℓ_1 ノルム正則化 (7.1) は形式的には同じ形をしていますが，関数 R_j がベクトル $\boldsymbol{w}$ の要素の重複のない部分集合のみに依存する特殊な場合のため，別に扱いました．本章では，R_j はノルムでなくとも構わないとします．

9.1.1 エラスティックネット

ベクトル $\boldsymbol{w}$ に対して ℓ_1 ノルムと ℓ_2 ノルムを同時に罰則項として用いる方法

$$\underset{\boldsymbol{w} \in \mathbb{R}^d}{\text{minimize}} \quad \hat{L}(\boldsymbol{w}) + \lambda\left(\|\boldsymbol{w}\|_1 + \frac{\theta}{2}\|\boldsymbol{w}\|_2^2\right) \tag{9.2}$$

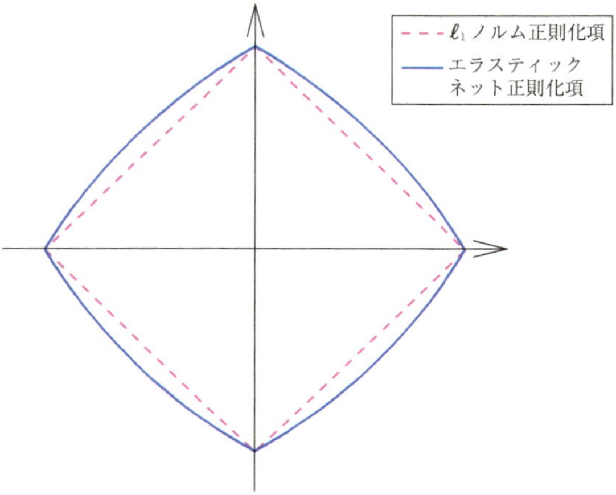

図 9.1 $\theta = 0.7$ に対するエラスティックネット正則化項 (9.2) と ℓ_1 ノルム正則化項の等高線を比較します.

は**エラスティックネット** (elastic net) [90] と呼ばれます. ここで $\hat{L}(\boldsymbol{w})$ は任意の経験誤差項であり, $\lambda > 0$ は正則化パラメータ, $\theta > 0$ は 2 つの正則化項の相対的な強さを調節するパラメータです.

図 **9.1** に ℓ_1 ノルム正則化項とエラスティックネット正則化項 $(\theta = 0.7)$ を比較します. エラスティックネット正則化項の等高線は ℓ_1 ノルム正則化項と同様, 4 つの頂点 $\boldsymbol{e}_1, -\boldsymbol{e}_1, \boldsymbol{e}_2, -\boldsymbol{e}_2$ で尖っていることに注意してください. したがって, 図 3.2 と同様にスパースな解を持ちやすいという性質を持っています. 一方, 異なるのは端点の間で等高線が丸みを持っている点です. このため, 例えば 2 つの変数がほぼ同じ程度に予測に寄与する場合 (特徴量が冗長な場合), ℓ_1 ノルムを用いると, どちらか片方のみが選ばれやすいのに対し, エラスティックネットを用いると, 両方の変数を同時に選択しやすいという違いがあります. θ はエラスティックネット正則化項の 2 つの項の強さを調節するパラメータで, θ が大きくなるにつれてスパース性を誘導する ℓ_1 ノルムの性質は薄れ, ℓ_2 ノルム正則化に近づいていきます.

この性質を 4 章で定義した降下錐の統計的次元の観点から考えてみます. 降下錐はある点 $\boldsymbol{w}^* \in \mathbb{R}^d$ から正則化項の減少する方向からなる錐であり,

降下錐が小さければ小さいほど，その正則化項を用いた場合の $\boldsymbol{w}^*$ を線形観測から復元できる可能性が高くなります．統計的次元は降下錐の大きさをはかる 1 つの指標です．任意の $\theta > 0$ について，エラスティックネット正則化項が一定以下の集合の端点は微分不可能であり，降下錐は半空間より小さいものの，θ が大きくなるに従って，降下錐は半空間に近づいていきます．2 次元の場合，1 スパースな端点におけるエラスティックネット降下錐の統計的次元は $\theta = 0$ の場合の 1 から $\theta = \infty$ の場合の 1.5 まで増加します．

9.1.2 全変動

画像 $\boldsymbol{W}^* \in \mathbb{R}^{d_1 \times d_2}$ が雑音を含んで $\boldsymbol{Y} = \boldsymbol{W}^* + \boldsymbol{E}$ のように観測されたと仮定します．この画像から雑音を取り除くため，最小化問題

$$\underset{\boldsymbol{W} \in \mathbb{R}^{d_1 \times d_2}}{\text{minimize}} \quad \frac{1}{2}\|\boldsymbol{Y} - \boldsymbol{W}\|_F^2 + \lambda \|\boldsymbol{W}\|_{\text{TV}}$$

を考えます．ここで $\lambda > 0$ は正則化パラメータ，$\|\cdot\|_{\text{TV}}$ は**等方的全変動** (isotropic total variation) [70] であり，各画素における勾配ベクトルのノルムの線形和として

$$\|\boldsymbol{W}\|_{\text{TV}} = \sum_{x,y} \left\| \begin{pmatrix} \nabla_x W_{x,y} \\ \nabla_y W_{x,y} \end{pmatrix} \right\|_2$$

のように定義されます *1．ここで $\nabla_x W_{x,y}$, $\nabla_y W_{x,y}$ は x および y 方向の微分係数であり，例えば**ソーベル演算子** (Sobel operator) を用いて

$$\begin{aligned} \nabla_x W_{x,y} = \frac{1}{8}\big(&(W_{x+1,y-1} - W_{x-1,y-1}) \\ &+ 2(W_{x+1,y} - W_{x-1,y}) \\ &+ (W_{x+1,y+1} - W_{x-1,y+1})\big) \end{aligned} \tag{9.3}$$

$$\begin{aligned} \nabla_y W_{x,y} = \frac{1}{8}\big(&(W_{x-1,y+1} - W_{x-1,y-1}) \\ &+ 2(W_{x,y+1} - W_{x,y-1}) \\ &+ (W_{x+1,y+1} - W_{x+1,y-1})\big) \end{aligned} \tag{9.4}$$

*1 全変動は例えば全画素が定数の値をとる場合など，ゼロでない画像に対してゼロの値をとりうるので，正確にはノルムではありませんが，ここでは簡便のためノルムの記号を使っています．

図 9.2 等方的全変動（9.1.2 項）を用いた画像の雑音除去．左に [0, 255] に値をとる元画像，中央に人工的に標準偏差 50 の正規雑音を加えた画像，右に全変動を正則化項とし，正則化パラメータ $\lambda = 50$ を用いた結果を示します．計算には，交互方向乗数法と等価な Split Bregman 法 [36] を用いました．

のように近似されます．このように最も簡単な 3×3 のフィルターを用いた場合でも，$\boldsymbol{W}$ の各要素は周囲 8 つの画素に関する正則化項の中に含まれることになるため，正則化項が重複していることになります．等方的全変動は勾配ベクトルの ℓ_2 ノルムの和として定義されているため，グループ ℓ_1 ノルムをベクトル場の推定に用いた場合と同様，座標の回転に関して不変であるという特徴があります．計算の簡単さのため，上記を ℓ_1 ノルムで置き換えた**異方的全変動** (anisotropic total variation) を考えることもあります．どちらも医療画像のような近似的に区分定数と考えられる画像には特に適した正則化項です．**図 9.2** に等方的全変動を用いた画像の雑音除去の例を示します．

全変動は雑音除去以外にも**圧縮センシング**（compressed sensing）の MRI 画像への応用などで用いられます．このとき，目的関数は

$$\underset{\boldsymbol{W} \in \mathbb{R}^{d_1 \times d_2}}{\text{minimize}} \quad \frac{1}{2}\|\boldsymbol{y} - \mathfrak{X}(\boldsymbol{W})\|_2^2 + \lambda_1 \|\boldsymbol{W}\|_{\mathrm{TV}} + \lambda_2 \|\Psi(\boldsymbol{W})\|_{\ell_1}$$

のように表現することができます．ここで，$\boldsymbol{y} \in \mathbb{R}^n$ は n 次元の観測ベクトルであり，$\mathfrak{X} : \mathbb{R}^{d_1 \times d_2} \to \mathbb{R}^n$ は画像 $\boldsymbol{W}$ から観測空間（通常フーリエ係数）への線形変換であり，$\Psi : \mathbb{R}^{d_1 \times d_2} \to \mathbb{R}^{d_1 \times d_2}$ は 2 次元**ウェーブレット変換**（wavelet transform）を表します．$\|\cdot\|_{\ell_1}$ は行列の要素ごとの ℓ_1 ノルムを表します．**図 9.3** に図 9.2 と同じ画像とそのウェーブレット変換を示します．図からみてとれるように，一般に自然画像のウェーブレット変換は非常

図 9.3 カメラマン画像とそのウェーブレット変換.

にスパースであるという性質があります．したがって，ウェーブレット変換の ℓ_1 ノルムを正則化項として用いることが有効です．ウェーブレット変換の各係数に寄与する画素は高次のウェーブレット変換になるほど多くなるため，ウェーブレット変換の ℓ_1 ノルムも重複のある正則化項です．

全変動項とウェーブレット項の両方を用いた場合，正則化項はさらに多くの重複を持つことになります．

9.1.3 重複のあるグループ ℓ_1 ノルム正則化

添字集合 $\{1,\ldots,d\}$ の分割とは限らない一般の部分集合の集合 $\mathfrak{G} \subseteq 2^{[d]}$ を考えます*2．このとき

$$\|\boldsymbol{w}\|_{\underline{\mathfrak{G}}} = \sum_{\mathfrak{g}\in\mathfrak{G}} \|\boldsymbol{w}_{\mathfrak{g}}\|_2 \tag{9.5}$$

は重複のあるグループ ℓ_1 ノルムです．

9.1.4 テンソルの多重線形ランク

K 個の添字を持つ K 階の配列（テンソル）$\mathcal{W} \in \mathbb{R}^{d_1\times\cdots\times d_K}$ を考えます．テンソルのモード k 行列化という操作を対象となる第 k 軸に「平行な」すべての d_k 次元ベクトル $X_{i_1,\ldots,i_{k-1},:,i_{k+1},\ldots,i_K}$ $(i_{k'}=1,\ldots,d_{k'},\forall k'\neq k)$ を列ベクトルとして並べた $d_k \times \prod_{k'\neq k} d_{k'}$ 行列 $\boldsymbol{W}_{(k)}$ を作るものと定義します．

*2 一般に集合 X の部分集合の全体を 2^X で表し，ここでは添字集合 $[d]=\{1,\ldots,d\}$ の部分集合の全体を $2^{[d]}$ と表します．

このときテンソル $\mathcal{W}$ の**多重線形ランク**は $r_k = \mathrm{rank}(\boldsymbol{W}_{(k)})$ を要素とする K 組 $(r_1, \ldots, r_K)$ と定義されます.

多重線形ランクが $(r_1, \ldots, r_K)$ のテンソルは

$$X_{i_1,i_2,\ldots,i_K} = \sum_{j_1=1}^{r_1} \sum_{j_2=1}^{r_2} \cdots \sum_{j_K=1}^{r_K} C_{j_1,\ldots,j_K} U_{i_1,j_1}^{(1)} U_{i_2,j_2}^{(2)} \cdots U_{i_K,j_K}^{(K)}$$

のように表すことができることが知られています. ここで, $r_1 \times \cdots \times r_K$ テンソル $\mathcal{C}$ は**コアテンソル**と呼ばれ, $\boldsymbol{U}^{(1)} \in \mathbb{R}^{d_1 \times r_1}, \ldots, \boldsymbol{U}^{(K)} \in \mathbb{R}^{d_K \times r_K}$ は**因子行列**と呼ばれます. このとき, コアテンソルと因子行列の間には正則行列の自由度の不定性があるため, $\boldsymbol{U}^{(1)}, \ldots, \boldsymbol{U}^{(K)}$ は直交性 $(\boldsymbol{U}^{(k)})^\top \boldsymbol{U}^{(k)} = \boldsymbol{I}_{r_k}$, $k = 1, \ldots, K$ を満たすようにとることができます. このため, 上記分解は特異値分解の一種の拡張とみることができます. この分解は**タッカー分解**あるいは**高階特異値分解** (higher-order singular value decomposition) として知られています [47].

多重線形ランクに対する自然な凸緩和は

$$\|\mathcal{W}\|_{\mathrm{overlap}} = \sum_{k=1}^{K} \left\|\boldsymbol{W}_{(k)}\right\|_* \tag{9.6}$$

のように, モード k 行列化に関するトレースノルムの和を考えることです [34,75,82]. これを**重複型トレースノルム**と呼びます.

9.2 数学的性質

本節では, 式 (9.1) において $R_j(\boldsymbol{w})$ がベクトル $\boldsymbol{w}$ の線形変換に関するノルムであるように制限した場合を考え, これを重複型ノルムと呼びます. 重複型ノルムも ℓ_1 ノルムやグループ ℓ_1 ノルムと同様の数学的性質が成立することを見ます.

より具体的には, 行列 $\boldsymbol{\Phi}_j \in \mathbb{R}^{H_j \times d}$ $(j = 1, \ldots, m)$ を用いて, 行列の m 組 $\boldsymbol{\Phi} = (\boldsymbol{\Phi}_j)_{j=1}^m$ およびノルム $\|\cdot\|_\star$ に関する重複型ノルムを

$$\|\boldsymbol{w}\|_{\underline{\star(\boldsymbol{\Phi})}} = \sum_{j=1}^{m} \|\boldsymbol{\Phi}_j \boldsymbol{w}\|_\star \tag{9.7}$$

のように定義します．ここで，$\|\cdot\|_\star$ は（ℓ_2 とは限らない）任意のノルムです．行列 $\mathbf{\Phi}_j$ の係数を微分演算子の係数（式 (9.3)，(9.4) を参照）に選ぶことによって全変動が得られ，特定のグループに対応する部分ベクトルを抜き出すように選ぶことによって，重複ありグループ ℓ_1 ノルム（9.1.3 項を参照）が得られます．また，$\|\cdot\|_\star$ をトレースノルムに選び，$\mathbf{\Phi}_j$ を適切に要素を並び替える操作に選ぶと重複型トレースノルム (9.6) が得られます．

9.2.1 非ゼログループ数との関係

以下の補題が成立します．

補題 9.1

重複型ノルム (9.7) に関して，

$$\|\boldsymbol{w}\|_{\underline{\star(\mathbf{\Phi})}} \leq \sum_{j=1}^{m} c_j \cdot \max_{j=1,\ldots,m} \|\mathbf{\Phi}_j\| \cdot \|\boldsymbol{w}\|_2 \tag{9.8}$$

$$\|\boldsymbol{w}\|_{\underline{\star(\mathbf{\Phi})}} \leq \sqrt{\sum_{j=1}^{m} c_j^2} \cdot \|\mathbf{\Phi}\| \cdot \|\boldsymbol{w}\|_2 \tag{9.9}$$

が成立します．ただし，定数 c_j は

$$\|\mathbf{\Phi}_j \boldsymbol{w}\|_\star \leq c_j \|\mathbf{\Phi}_j \boldsymbol{w}\|_2$$

が成立する最小の非負の数と定義します．したがって，$\mathbf{\Phi}_j \boldsymbol{w} = 0$ であれば $c_j = 0$ であることに注意してください．また，$\|\cdot\|$ は行列のスペクトルノルム（式 (8.8) を参照）であり，$\|\mathbf{\Phi}\|$ は行列 $\mathbf{\Phi}_1, \ldots, \mathbf{\Phi}_m$ を縦に並べた行列のスペクトルノルムを表します．

証明.

定数 c_j の定義より，

$$\|\boldsymbol{w}\|_{\underline{\star(\mathbf{\Phi})}} = \sum_{j=1}^{m} \|\mathbf{\Phi}_j \boldsymbol{w}\|_\star$$

$$\leq \sum_{j=1}^{m} c_j \|\boldsymbol{\Phi}_j \boldsymbol{w}\|_2 \tag{9.10}$$

が成立します．不等式 (9.10) に ℓ_1 ノルムと ℓ_∞ ノルムの組に関するヘルダーの不等式（補題 5.1 を参照）を適用することにより，

$$\begin{aligned}\|\boldsymbol{w}\|_{\underline{\star(\boldsymbol{\Phi})}} &\leq \sum_{j=1}^{m} c_j \cdot \max_{j=1,\ldots,m} \|\boldsymbol{\Phi}_j \boldsymbol{w}\|_2 \\ &\leq \sum_{j=1}^{m} c_j \cdot \max_{j=1,\ldots,m} \|\boldsymbol{\Phi}_j\| \cdot \|\boldsymbol{w}\|_2\end{aligned}$$

が成立します．ここで，2 行目ではスペクトルノルムの定義を用いました．これで不等式 (9.8) を証明できました．

一方，不等式 (9.10) にコーシー・シュワルツの不等式を適用することで

$$\begin{aligned}\|\boldsymbol{w}\|_{\underline{\star(\boldsymbol{\Phi})}} &\leq \sqrt{\sum_{j=1}^{m} c_j^2} \cdot \sqrt{\sum_{j=1}^{m} \|\boldsymbol{\Phi}_j \boldsymbol{w}\|_2^2} \\ &= \sqrt{\sum_{j=1}^{m} c_j^2} \cdot \left\| \begin{bmatrix} \boldsymbol{\Phi}_1 \\ \vdots \\ \boldsymbol{\Phi}_m \end{bmatrix} \boldsymbol{w} \right\|_2 \\ &\leq \sqrt{\sum_{j=1}^{m} c_j^2} \cdot \left\| \begin{bmatrix} \boldsymbol{\Phi}_1 \\ \vdots \\ \boldsymbol{\Phi}_m \end{bmatrix} \right\| \cdot \|\boldsymbol{w}\|_2\end{aligned}$$

を得ます．これで不等式 (9.9) を証明することができました． □

不等式 (9.8) と (9.9) のどちらが有利であるかは重複の程度に依存します．重複がまったくない場合は $\boldsymbol{\Phi}$ はブロック対角行列（を並び替えたもの）になるため，$\|\boldsymbol{\Phi}\| = \max_{j=1,\ldots,m} \|\boldsymbol{\Phi}_j\|$ が成立し，不等式 (9.9) の方がより厳密な上界を与えます．例えば，重複のないグループ ℓ_1 ノルムで $\|\cdot\|_\star$ を ℓ_2 ノルムとすると，c_j は非ゼログループは 1，それ以外は 0 となり，不等式 (9.9) は補題 7.1 で $p = 2$ とした場合と一致します．一方，重複型トレースノルム (9.6) のように完全に重複している場合は $\|\boldsymbol{\Phi}\| = \sqrt{m} \cdot \max_j \|\boldsymbol{\Phi}_j\|$ となるため，不等式 (9.8) の方が厳密になります．より具体的には，テンソル $\boldsymbol{\mathcal{W}}$ の

多重線形ランクが $(r_1, \ldots, r_K)$ のとき，$c_k = \sqrt{r_k}$ となり，

$$\|\mathcal{W}\|_{\mathrm{overlap}} = \sum_{k=1}^{K} \sqrt{r_k} \cdot \|\mathcal{W}\|_F$$

が成立します．ここで，テンソルのフロベニウスノルム $\|\cdot\|_F$ も行列の場合（8章参照）と同様，全要素の2乗和の平方根として，$\|\mathcal{W}\|_F = \sqrt{\langle \mathcal{W}, \mathcal{W} \rangle}$ と定義されます．

9.2.2 双対ノルム

重複型ノルム (9.7) の双対ノルムは以下の補題のように表現することができます．

補題 9.2（重複型ノルムの双対ノルム）

行列の m 組 $\boldsymbol{\Phi} = (\boldsymbol{\Phi}_j)_{j=1}^{m}$ およびノルム $\|\cdot\|_\star$ に関する重複型ノルム (9.7) は

$$\|\boldsymbol{x}\|_{\underline{\star(\boldsymbol{\Phi})^*}} = \min_{\substack{\boldsymbol{z}_j \in \mathbb{R}^{H_j}\,(j=1,\ldots,m),\\ \boldsymbol{x}=\sum_{j=1}^{m} \boldsymbol{\Phi}_j{}^\top \boldsymbol{z}_j}} \max_{j=1,\ldots,m} \|\boldsymbol{z}_j\|_{\star^*} \tag{9.11}$$

と表すことができます．ここで，式 (9.11) の外側の最小化は，条件 $\boldsymbol{x} = \sum_{j=1}^{m} \boldsymbol{\Phi}_j{}^\top \boldsymbol{z}_j$ を満たすすべてのベクトルの m 組 $(\boldsymbol{z}_j)_{j=1}^{m}$ に関する最小化です．また，ノルム $\|\cdot\|_{\star^*}$ はノルム $\|\cdot\|_\star$ の双対ノルムです．

証明.

定義より，

$$\begin{aligned}
\|\boldsymbol{x}\|_{\underline{\star(\boldsymbol{\Phi})^*}} &= \max_{\boldsymbol{w} \in \mathbb{R}^d} \langle \boldsymbol{w}, \boldsymbol{x} \rangle, \quad \text{subject to} \quad \|\boldsymbol{w}\|_{\underline{\star(\boldsymbol{\Phi})}} \le 1 \\
&= \max_{\boldsymbol{w} \in \mathbb{R}^d} \left(\langle \boldsymbol{w}, \boldsymbol{x} \rangle - \delta \left(\sum_{j=1}^{m} \|\boldsymbol{\Phi}_j \boldsymbol{w}\|_\star \le 1 \right) \right) \\
&= \min_{\boldsymbol{z}_j \in \mathbb{R}^{H_j}, j=1,\ldots,m} \left(\delta \left(-\sum_{j=1}^{m} \boldsymbol{\Phi}_j{}^\top \boldsymbol{z}_j + \boldsymbol{x} = 0 \right) + \max_{j=1,\ldots,m} \|\boldsymbol{z}_j\|_{\star^*} \right)
\end{aligned}$$

表 9.1　重複型グループ ℓ_1 ノルム $(p=2)$ の性質のまとめ．3 行目の $\|\boldsymbol{\Phi}\|$ は重複の程度に依存するパラメータで重複のない場合に 1，完全に重複している場合に $\sqrt{|\mathfrak{G}|}$ になります．

本章で扱うノルム	重複型グループ ℓ_1 ノルム $\|\boldsymbol{w}\|_{\underline{\mathfrak{G}}} = \sum_{\mathfrak{g}\in\mathfrak{G}} \|\boldsymbol{w}_{\mathfrak{g}}\|_2$
誘導するスパース性	グループ単位のスパース性（2 つ以上のグループに属する変数は所属するすべてのグループが非ゼロの場合に限って非ゼロ）
$\boldsymbol{w}$ が k グループスパースであるとき	$\|\boldsymbol{w}\|_{\underline{\mathfrak{G}}} \leq \sqrt{k}\cdot\|\boldsymbol{\Phi}\|\cdot\|\boldsymbol{w}\|_2$
双対ノルム	$\|\boldsymbol{x}\|_{\underline{\mathfrak{G}}^*} = \min_{\substack{(\boldsymbol{z}^{(\mathfrak{g})})_{\mathfrak{g}\in\mathfrak{G}}:\\ \boldsymbol{x}=\sum_{\mathfrak{g}\in\mathfrak{G}}\boldsymbol{z}^{(\mathfrak{g})}}} \max_{\mathfrak{g}\in\mathfrak{G}} \|\boldsymbol{z}^{(\mathfrak{g})}\|_2$
prox 作用素	一般には解析的に書けません

$$= \min_{\boldsymbol{z}_j\in\mathbb{R}^{H_j},j=1,\ldots,m} \max_{j=1,\ldots,m} \|\boldsymbol{z}_j\|_{\star^*}, \quad \text{subject to} \quad \boldsymbol{x} = \sum_{j=1}^{m} \boldsymbol{\Phi}_j{}^\top \boldsymbol{z}_j$$

ここで，2，3 行目の $\delta(\cdots)$ はカッコ内の条件の指示関数であり，3 行目ではフェンシェルの双対定理（メモ 6.1 を参照）を用いました．□

表 **9.1** に重複型グループ ℓ_1 ノルムに関して，本節で議論した性質をまとめます．

9.3　最適化

重複のあるスパース正則化を最適化の観点から見たときにやっかいな点は，エラスティックネットの場合を除いて，正則化項が変数 w_j $(j=1,\ldots,d)$ に関して分離しておらず，prox 作用素を計算することが困難であることです．

本節では，まずはじめにエラスティックネットの場合に prox 作用素が解析的に計算できることを見ます．その次に，一般の場合に用いることができる交互方向乗数法を紹介します．交互方向乗数法は補助変数を導入することで prox 作用素を計算可能にします．

9.3.1　エラスティックネットの場合

エラスティックネット正則化項は，変数ごとに分離しているため，prox 作用素を計算することができます．

補題 9.3

エラスティックネット正則化項（最小化問題 (9.2)）に関する prox 作用素は

$$\left[\mathrm{prox}_\lambda^{\mathrm{EN}}(\boldsymbol{y})\right]_j = \begin{cases} \frac{y_j+\lambda}{1+\lambda\theta}, & y_j < -\lambda \text{ の場合} \\ 0, & -\lambda \le y_j \le \lambda \text{ の場合}, \\ \frac{y_j-\lambda}{1+\lambda\theta}, & y_j > \lambda \text{ の場合} \end{cases} \quad (j = 1, \ldots, d) \tag{9.12}$$

のように表すことができます．

証明.

エラスティックネット正則化項は

$$\lambda\left(\|\boldsymbol{w}\|_1 + \frac{\theta}{2}\|\boldsymbol{w}\|_2^2\right) = \lambda\sum_{j=1}^{d}\left(|w_j| + \frac{\theta}{2}w_j^2\right)$$

のように変数ごとに分離しているため，補題 7.4 を用いると，prox 作用素は要素ごとに計算することができます．

定義より，

$$\left[\mathrm{prox}_\lambda^{\mathrm{EN}}(\boldsymbol{y})\right]_j = \underset{w_j\in\mathbb{R}}{\mathrm{argmin}}\left(\frac{1}{2}(y-w)^2 + \lambda\left(|w_j| + \frac{\theta}{2}w_j^2\right)\right)$$

と書けます．最小化を達成する点では劣微分がゼロを含むため（メモ 3.1 を参照），

$$y_j - w_j - \lambda\theta w_j \in \lambda\partial|w_j|, \quad j = 1, \ldots, d \tag{9.13}$$

を得ます．仮に $w_j = 0$ と仮定すると，式 (9.13) の右辺は集合 $[-\lambda, \lambda]$ となるため，これは $y_j \in [-\lambda, \lambda]$ の場合に限られることがわかります．一方，$w_j > 0$ と仮定すると，右辺は 1 点からなる集合 $\{+\lambda\}$ となるため，

$$w_j = \frac{y_j - \lambda}{1 + \lambda\theta}$$

が得られます．$w_j < 0$ の場合も同様であり，式 (9.12) を示すことができました． □

補題 9.3 より，ℓ_1 ノルムやグループ ℓ_1 ノルムと同様に，6 章で紹介した加速付き近接勾配法や DAL 法（アルゴリズム 6.2）を用いることができます．

9.3.2 交互方向乗数法

正則化項 (9.1) および，それを少し限定した重複型ノルム (9.7) の問題点は同じベクトル $\boldsymbol{w}$ が複数の正則化項の中に現れるため，解析的に prox 作用素を計算できないことでした．そこで，補助変数 $\boldsymbol{v}_j$ $(j = 1, \ldots, d)$ を導入し，重複型ノルムを正則化項とする経験誤差最小化問題を

$$\underset{\substack{\boldsymbol{w}\in\mathbb{R}^d,\\ \boldsymbol{v}_j\in\mathbb{R}^{H_j}, j=1,\ldots,m}}{\text{minimize}} \quad \frac{1}{\lambda}\hat{L}(\boldsymbol{w}) + \sum_{j=1}^{m} \|\boldsymbol{v}_j\|_\star \tag{9.14}$$

$$\text{subject to} \quad \boldsymbol{v}_j = \boldsymbol{\Phi}_j \boldsymbol{w}, \quad j = 1, \ldots, m \tag{9.15}$$

と書き直します．ここで $\hat{L}(\boldsymbol{w})$ は任意の経験誤差関数，$\|\cdot\|_\star$ は prox 作用素が解析的に計算できる任意のノルムです．正則化パラメータ λ は $\lambda \to 0$ での扱いを容易にするため（6.6 節を参照），経験誤差項の前に付けてあります．最小化問題 (9.14) のように書き直すことにより，少なくとも補助変数 $\boldsymbol{v}_j$ $(j = 1, \ldots, m)$ に関しては正則化項が分離可能になり，prox 作用素を計算するには，$\|\cdot\|_\star$ に関する prox 作用素をそれぞれの項に関して計算すればよいことがわかります（補題 7.4 を参照）．残りの課題はいかに線形制約 (9.15) を充足させるかということですが，以下に示すように，交互方向乗数法はラグランジュ乗数と罰則項を用いて，このような制約を効率的に扱うことを可能にします．

交互方向乗数法の詳細に入る前に，本章で議論した正則化法を最小化問題 (9.14) のように定式化できることを具体例で確認します．

例えば，等方的全変動（9.1.2 項）の場合，補助変数 $\boldsymbol{v}_j$ は，点 x_j, y_j における x-，y-方向微分を係数とする 2 次元ベクトルであり，変換行列 $\boldsymbol{\Phi}_j$ およびノルム $\|\cdot\|_\star$ は

$$\boldsymbol{\Phi}_j(\boldsymbol{W}) = \left(\langle \boldsymbol{D}^{(x)}_{x_j,y_j}, \boldsymbol{W}\rangle, \langle \boldsymbol{D}^{(y)}_{x_j,y_j}, \boldsymbol{W}\rangle\right)^\top, \qquad \|\cdot\|_\star = \|\cdot\|_2$$

のように書くことができます．ただし，$\boldsymbol{D}^{(x)}_{x,y}$，$\boldsymbol{D}^{(y)}_{x,y}$ はそれぞれ点 x,y における x-, y-方向微分演算子の係数で，例えばソーベル演算子 (9.3)，(9.4) のようにとることができます．

一方，重複ありグループ ℓ_1 ノルム（9.1.3 項）の場合，$\boldsymbol{v}_j$ の次元は j 番目のグループの大きさに等しく，変換行列 $\boldsymbol{\Phi}_j$ は例えば，

$$\boldsymbol{\Phi}_j = \begin{bmatrix} 0 & \begin{matrix} 1 & & & \\ & 1 & & \\ & & \ddots & \\ & & & 1 \end{matrix} & 0 \end{bmatrix}$$

のように書くことができます．ここで，あるグループに属する変数は必ずしも隣接しているとは限らず，$\boldsymbol{\Phi}_j$ は上の行列の列を適当に並び替えた形をとります．

テンソルの多重線形ランクの凸緩和として定義した重複型トレースノルム (9.6) の場合，モード k 行列化は置換行列 $\boldsymbol{P}_k \in \mathbb{R}^{D\times D}$ を用いて

$$\mathrm{vec}(\boldsymbol{W}_{(k)}) = \boldsymbol{P}_k \mathrm{vec}(\boldsymbol{\mathcal{W}})$$

と書くことができます．ここで，$D = \prod_{k=1}^K d_k$ はテンソルの要素の総数であり，vec は行列およびテンソルの要素を一定の順番で縦に並べたベクトルを作る操作を表します．したがって，

$$\mathrm{vec}(\boldsymbol{\Phi}_k(\boldsymbol{\mathcal{W}})) = \boldsymbol{P}_k \mathrm{vec}(\boldsymbol{\mathcal{W}}), \qquad \|\cdot\|_\star = \|\cdot\|_*$$

を得ます．ここで $\|\cdot\|_*$ はトレースノルムを表します．

制約付き最小化問題 (9.14) に対する交互方向乗数法を導出するには，まず**拡張ラグランジュ関数**を書き出します．目的関数 (9.14) にラグランジュ乗数項と罰則項を加えることで，拡張ラグランジュ関数は

$$\mathcal{L}_\eta(\boldsymbol{w}, \boldsymbol{v}, \boldsymbol{\alpha}) = \frac{1}{\lambda}\hat{L}(\boldsymbol{w}) + \sum_{j=1}^m \left(\|\boldsymbol{v}_j\|_\star + \boldsymbol{\alpha}_j{}^\top(\boldsymbol{\Phi}_j\boldsymbol{w} - \boldsymbol{v}_j) + \frac{\eta}{2}\|\boldsymbol{\Phi}_j\boldsymbol{w} - \boldsymbol{v}_j\|_2^2\right) \tag{9.16}$$

のように書くことができます．ここで，$\boldsymbol{\alpha}_j \in \mathbb{R}^{H_j}$ $(j = 1,\ldots,m)$ はラグランジュ乗数ベクトルであり，第 3 項は線形制約 (9.15) に関する通常のラグラ

ンジュ乗数項，第 4 項が線形制約 (9.15) からの逸脱に対する罰則項です．ここで，左辺のベクトル $\boldsymbol{v}$ は $\boldsymbol{v} = (\boldsymbol{v}_j)_{j=1}^m$ のように補助変数を縦に並べたものと定義します．

交互方向乗数法は拡張ラグランジュ法（6.5 節を参照）の近似として導出することができます．更新式は形式的には

$$\boldsymbol{w}^{t+1} = \operatorname*{argmin}_{\boldsymbol{w}\in\mathbb{R}^d} \left(\frac{1}{\lambda}\hat{L}(\boldsymbol{w}) + \frac{\eta}{2}\sum_{j=1}^m \|\boldsymbol{\Phi}_j \boldsymbol{w} - \boldsymbol{v}_j^t + \boldsymbol{\alpha}_j^t/\eta\|_2^2 \right) \tag{9.17}$$

$$\boldsymbol{v}_j^{t+1} = \operatorname*{argmin}_{\boldsymbol{v}_j\in\mathbb{R}^{H_j}} \left(\|\boldsymbol{v}_j\|_\star + \frac{\eta}{2}\|\boldsymbol{v}_j - \boldsymbol{\Phi}_j \boldsymbol{w}^{t+1} - \boldsymbol{\alpha}_j^t/\eta\|_2^2 \right), \quad j = 1, \ldots, m \tag{9.18}$$

$$\boldsymbol{\alpha}_j^{t+1} = \boldsymbol{\alpha}_j^t + \eta(\boldsymbol{\Phi}_j \boldsymbol{w}^{t+1} - \boldsymbol{v}_j^{t+1}), \quad j = 1, \ldots, m \tag{9.19}$$

と書くことができます．ここで，式 (6.17) のように主変数 $(\boldsymbol{w}, \boldsymbol{v})$ に関して同時に最小化するのではなく，まず $\boldsymbol{v}^t$ を固定して，$\boldsymbol{w}^t$ を更新し，そこで得られた $\boldsymbol{w}^{t+1}$ を用いて $\boldsymbol{v}_j^t$ を更新していることに注意してください．

具体的に更新式 (9.17), (9.18) を計算するにはいくつか工夫が必要です．まず，簡単なのは $\boldsymbol{v}^t$ に関する更新式 (9.18) です．これはノルム $\|\cdot\|_\star$ に関する prox 作用素の計算に帰着し，

$$\boldsymbol{v}_j^{t+1} = \operatorname{prox}_{\eta^{-1}\|\cdot\|_\star}(\boldsymbol{\Phi}_j \boldsymbol{w}^{t+1} + \boldsymbol{\alpha}_j^t/\eta)$$

と書くことができます．拡張ラグランジュ関数 (9.16) において $\boldsymbol{v}_j$ の関係する項はすべて分離しているため，各 $\boldsymbol{v}_j$ に関して個別に最小化しても同時最適であることに注意してください．

一方，$\boldsymbol{w}^t$ に関する更新式 (9.17) は，経験誤差項が $\hat{L}(\boldsymbol{w}) = \frac{1}{2}\|\boldsymbol{X}\boldsymbol{w} - \boldsymbol{y}\|_2^2$ のように二乗誤差の場合，解析的に

$$\boldsymbol{w}^{t+1} = \boldsymbol{C}^{-1}\left(\boldsymbol{X}^\top \boldsymbol{y}/\lambda + \sum\nolimits_{j=1}^m \boldsymbol{\Phi}_j{}^\top (\eta \boldsymbol{v}_j^t - \boldsymbol{\alpha}_j^t) \right)$$

と書くことができます．ここで，$\boldsymbol{C} = \frac{1}{\lambda}\boldsymbol{X}^\top\boldsymbol{X} + \eta\sum_{j=1}^m \boldsymbol{\Phi}_j{}^\top\boldsymbol{\Phi}_j$ と定義しました．ここで行列 $\boldsymbol{C}$ は反復により更新される変数には依存しないため，例えば，あらかじめコレスキー分解 $\boldsymbol{C} = \boldsymbol{L}\boldsymbol{L}^\top$ を計算しておくことで，各反復での計算量を $O(d^2)$ に抑えることができます．

行列 $\sum_{j=1}^{m} \boldsymbol{\Phi}_j{}^\top \boldsymbol{\Phi}_j$ は，例えば重複ありグループ ℓ_1 ノルムの場合，

$$\sum_{j=1}^{m} \boldsymbol{\Phi}_j{}^\top \boldsymbol{\Phi}_j = \begin{pmatrix} m_1 & & & \\ & m_2 & & \\ & & \ddots & \\ & & & m_d \end{pmatrix}$$

のように対角行列になり，便利です．ここで m_j は j 番目の変数が含まれるグループの数です．テンソルに関する重複型トレースノルム (9.6) の場合，$\boldsymbol{P}_k$ が置換行列であることから

$$\sum_{k=1}^{K} \boldsymbol{\Phi}_k{}^\top \boldsymbol{\Phi}_k = \sum_{k=1}^{K} \boldsymbol{P}_k{}^\top \boldsymbol{P}_k = K\boldsymbol{I}_D$$

となります．

より一般の損失関数の場合には，最小化 (9.17) を厳密に行うことは効率的でないため，6.6 節で議論したように (9.17) の第 2 項を線形化することが有効です．

最後に停止基準について述べます．最小化問題 (9.14) の双対問題は最大化問題として

$$\underset{\boldsymbol{\alpha}_j \in \mathbb{R}^{H_j}, j=1,\ldots,m}{\text{maximize}} \quad -\frac{1}{\lambda}\hat{L}^*\left(-\lambda \sum_{j=1}^{m} \boldsymbol{\Phi}_j{}^\top \boldsymbol{\alpha}_j\right) - \sum_{j=1}^{m} \delta_{\|\cdot\|_{\star *} \leq 1}(\boldsymbol{\alpha}_j) \quad (9.20)$$

と書くことができます．ここで，第 1 項の $\hat{L}^*$ は損失項 $\hat{L}$ の凸共役であり，第 2 項の $\delta_{\|\cdot\|_{\star *}}$ はノルム $\|\cdot\|_\star$ の双対ノルムに関する半径 1 の球の指示関数です．

交互方向乗数法の更新式 (9.19) から得られる $\boldsymbol{\alpha}_j^{t+1}$ は，これまで 6〜8 章で見てきた双対問題に対する拡張ラグランジュ法や交互方向乗数法とは異なり，双対問題の制約 $\|\boldsymbol{\alpha}_j\|_{\star *} \leq 1$ $(j = 1, \ldots, m)$ を自動的に満たします．

以下にこれを確認します．更新式 (9.19) の両辺を η で割り，**モーローの定理**（メモ 6.4 を参照）を適用し，

$$\begin{aligned} \boldsymbol{\alpha}_j^{t+1}/\eta &= \boldsymbol{\alpha}_j^t/\eta + \boldsymbol{\Phi}_j \boldsymbol{w}^{t+1} - \mathrm{prox}_{\eta^{-1}\|\cdot\|_\star}\left(\boldsymbol{\alpha}_j^t/\eta + \boldsymbol{\Phi}_j \boldsymbol{w}^{t+1}\right) \\ &= \mathrm{prox}_{\delta_{\|\cdot\|_{\star *} \leq \eta^{-1}}}\left(\boldsymbol{\alpha}_j^t/\eta + \boldsymbol{\Phi}_j \boldsymbol{w}^{t+1}\right) \end{aligned}$$

すなわち

$$\boldsymbol{\alpha}_j^{t+1} = \mathrm{proj}_{\|\cdot\|_{\star *} \leq 1}\left(\boldsymbol{\alpha}_j^t + \eta \boldsymbol{\Phi}_j \boldsymbol{w}^{t+1}\right)$$

を得ます．ただし，$\mathrm{proj}_{\|\cdot\|_{\star *} \leq 1}$ はノルム $\|\cdot\|_\star$ の双対ノルムに関する半径 1 の球への射影を表します．また，半径 η^{-1} の球に射影してから η を乗じることは η を乗じてから半径 1 の球に射影することと等価であることを用いました．したがって，$\boldsymbol{\alpha}_j^{t+1}$ は双対問題の制約 $\|\boldsymbol{\alpha}_j^{t+1}\|_{\star *} \leq 1$ を満たすことが確認できました．

したがって，相対双対ギャップは，単純に

$$\left(f(\boldsymbol{w}^t) - g(\boldsymbol{\alpha}^t)\right) / f(\boldsymbol{w}^t)$$

のように評価すればよいことがわかりました．ここで，f は主問題の目的関数 (9.14)，g は双対問題の目的関数 (9.20) です．

Chapter 10

アトミックノルム

3, 7, 8 章で ℓ_1 ノルム，グループ ℓ_1 ノルム，トレースノルムが，それぞれベクトルの要素単位のスパース性，グループ単位のスパース性，行列の低ランク性という異なる種類のスパース性を誘導することをみてきました．直感的には，図 **10.1** に示すように，これらのノルムの単位球はそれぞれの意味でスパースとなる点で尖っているために，それぞれのスパース性と結びついています．本章では，この幾何的な直感をアトミックノルムを用いて説明し，すでに挙げたノルムがこの枠組から得られるだけでなく，新しいスパース性を導くノルムを定義することができることをみます．

また，このノルムに適した最適化方法としてフランク・ウォルフェ法を紹介します．

10.1 定義と具体例

アトム集合を $\mathcal{A} \subseteq \mathbb{R}^d$ とします．アトム集合は離散集合でも連続集合でも構いません．ただし，$\boldsymbol{v} \in \mathcal{A}$ ならば $-\boldsymbol{v} \in \mathcal{A}$ と仮定します．また，アトム集合の 1 つ 1 つの要素を**アトム**と呼びます．このとき，アトム集合 $\mathcal{A}$ に対する**アトミックノルム** (atomic norm) [15] $\|\boldsymbol{w}\|_{\mathcal{A}}$ を

$$\|\boldsymbol{w}\|_{\mathcal{A}} = \inf_{\mu \geq 0} \sum_{\boldsymbol{v} \in \mathcal{A}} \mu(\boldsymbol{v}) \quad \text{subject to} \quad \boldsymbol{w} = \sum_{\boldsymbol{v} \in \mathcal{A}} \mu(\boldsymbol{v})\boldsymbol{v} \tag{10.1}$$

と定義することができます．ここで，$\mu(\boldsymbol{v})$ はアトム集合の要素 $\boldsymbol{v}$ に対する非負の重みであり，アトミックノルムはこの非負の重みに関する目的関数

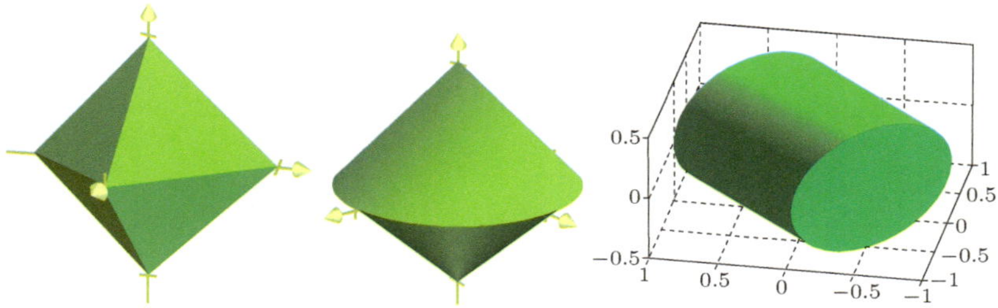

(a) ℓ_1 ノルム　(b) グループ ℓ_1 ノルム　(c) トレースノルム

図 10.1 ℓ_1 ノルム，グループ ℓ_1 ノルム，およびトレースノルムの単位球を 3 次元で可視化．グループ ℓ_1 ノルムは w_1, w_2 を 1 つのグループとして，$\|\boldsymbol{w}\|_{\mathfrak{G}} = \sqrt{|w_1|^2 + |w_2|^2} + |w_3|$ と定義しました．トレースノルムは対称行列 $\begin{bmatrix} w_1 & w_3 \\ w_3 & w_2 \end{bmatrix}$ についてプロットしています．円筒形の両端の円周は $w_1 w_2 = w_3^2$ を満たすランク 1 行列です．

(10.1) の最小値として定義されます．ただし，アトム集合が連続集合の場合，目的関数の (10.1) の和は積分で置き換えることにします．

例えば，以下に ℓ_1 ノルム，グループ ℓ_1 ノルム，トレースノルムが適切なアトム集合に対するアトミックノルムとして得られることを示します．

例 10.1 (ℓ_1 ノルム)

アトム集合を

$$\mathcal{A}_{\ell_1} = \{\boldsymbol{e}_1, \ldots, \boldsymbol{e}_d, -\boldsymbol{e}_1, \ldots, -\boldsymbol{e}_d\}$$

のように d 次元ユークリッド空間の標準基底（とその符号反転）と定義します．このとき，ベクトル $\boldsymbol{w}$ の非ゼロ要素の個数は，式 (10.1) のように $\boldsymbol{w}$ を表現した際に必要となる最小のアトムの個数です．さらに，$\mathcal{A}_{\ell_1}$ に対するアトミックノルムは ℓ_1 ノルムに一致します． □

例 10.2 (グループ ℓ_1 ノルム)

添字 $1, \ldots, d$ の分割 $\mathfrak{G}$ に対して，アトム集合を

$$\mathcal{A}_{\mathfrak{G}} = \{\boldsymbol{v} \in \mathbb{R}^d : \exists \mathfrak{g} \in \mathfrak{G}, \mathrm{supp}(\boldsymbol{v}) \subseteq \mathfrak{g}, \|\boldsymbol{v}\|_2 = 1\}$$

のようにグループ $\mathfrak{g} \in \mathfrak{G}$ のいずれかに台が含まれる単位ベクトルの集合と定

義します．このとき，ベクトル $\boldsymbol{w}$ の非ゼログループの個数は，式 (10.1) のように $\boldsymbol{w}$ を表現した際に必要となる最小のアトムの個数です．さらに，アトミックノルム $\|\cdot\|_{\mathcal{A}_{\mathfrak{G}}}$ はグループ ℓ_1 ノルム $\|\cdot\|_{\mathfrak{G}}$ に一致します．ただし，$\mathrm{supp}(\boldsymbol{v})$ はベクトル $\boldsymbol{v}$ の台（非ゼロ要素の集合）を表します． □

例 **10.3** (トレースノルム)

アトム集合 $\mathcal{A}_{\mathrm{rank1}}$ をフロベニウスノルム 1 のランク 1 行列の集合

$$\mathcal{A}_{\mathrm{rank1}} = \{\boldsymbol{u}\boldsymbol{v}^\top \in \mathbb{R}^{d_1 \times d_2} : \boldsymbol{u} \in \mathbb{R}^{d_1}, \boldsymbol{v} \in \mathbb{R}^{d_2}, \|\boldsymbol{u}\|_2 = \|\boldsymbol{v}\|_2 = 1\}$$

と定義します．このとき，行列 $\boldsymbol{W} \in \mathbb{R}^{d_1 \times d_2}$ のランクは，

$$\boldsymbol{W} = \sum_{\boldsymbol{V} \in \mathcal{A}_{\mathrm{rank1}}} \mu(\boldsymbol{V})\boldsymbol{V}$$

のように $\boldsymbol{W}$ を表現した際に必要となる最小のアトムの個数です．さらに，アトム集合 $\mathcal{A}_{\mathrm{rank1}}$ に対応するアトミックノルムはトレースノルムに一致します． □

これらの事実は，次のような幾何的な考察から得ることができます．アトミックノルムの単位球（ノルムが 1 以下の集合）

$$B(1; \|\cdot\|_{\mathcal{A}}) = \{\boldsymbol{w} \in \mathbb{R}^d : \|\boldsymbol{w}\|_{\mathcal{A}} \leq 1\}$$

は定義式 (10.1) よりアトム集合 $\mathcal{A}$ の**凸包**です（**メモ 10.1** を参照）．一方，**メモ 10.2** に示すように，2 つのノルムの単位球が等しいということは 2 つのノルムが等しいことを意味します．したがって，アトム集合 $\mathcal{A}_{\ell_1}$ に対するアトミックノルムが ℓ_1 ノルムと一致することを示すには，

$$B(1; \|\cdot\|_{\mathcal{A}_{\ell_1}}) = B(1; \|\cdot\|_1) \tag{10.2}$$

を示せばよいことになります．

式 (10.2) の証明

任意の $\boldsymbol{v} \in \mathcal{A}_{\ell_1}$ は $\|\boldsymbol{v}\|_1 = 1$ を満たすため，

集合 $C \subseteq \mathbb{R}^d$ に対して，凸包（convex hull）$\mathrm{conv}(C)$ を適当な $\boldsymbol{x}, \boldsymbol{y} \in C$ および $0 \leq \theta \leq 1$ を用いて

$$\boldsymbol{w} = \theta \boldsymbol{x} + (1-\theta)\boldsymbol{y}$$

のように表すことのできる点の全体と定義します．定義から凸包は凸集合であり，C がすでに凸集合ならば $C = \mathrm{conv}(C)$ が成立します．すなわち，この意味で凸包は集合 C の最も厳密な凸近似を与えます．

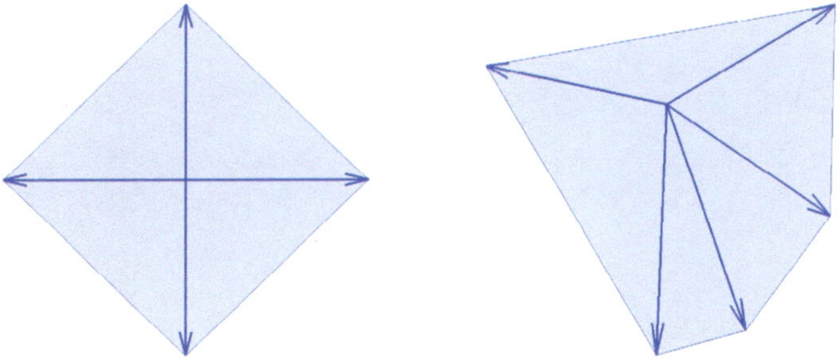

(a)

(b)

図 10.2 (a) ℓ_1 ノルムの単位球はアトム集合 $\mathcal{A}_{\ell_1}$（例 10.1）の凸包に一致します．(b) 任意のアトム集合の凸包はアトム集合の最も厳密な凸近似を与えます．

メモ 10.1 凸包

$$B(1; \|\cdot\|_{\mathcal{A}_{\ell_1}}) \subseteq B(1; \|\cdot\|_1)$$

すなわち，$B(1; \|\cdot\|_{\mathcal{A}_{\ell_1}})$ は ℓ_1 ノルム単位球の部分集合です．一方，任意の ℓ_1 ノルムが 1 以下のベクトル $\boldsymbol{w}$ は $\boldsymbol{w} = \sum_{j=1}^{d}(\max(w_j, 0)\boldsymbol{e}_j - \max(-w_j, 0)\boldsymbol{e}_j)$ の形に書け，$\sum_{j=1}^{d}(\max(w_j, 0) + \max(-w_j, 0)) \leq 1$ を満たすため，結局

$$B(1; \|\cdot\|_{\mathcal{A}_{\ell_1}}) = B(1; \|\cdot\|_1)$$

を得ます． □

上の 3 つの例で定義したアトム集合のうち $\mathcal{A}_{\ell_1}$ は離散集合ですが，$\mathcal{A}_{\mathfrak{G}}$，$\mathcal{A}_{\mathrm{rank1}}$ は連続集合です．

任意のノルム $\|\cdot\|$ は単位球 $B(1;\|\cdot\|) \subseteq \mathbb{R}^d$ という集合を定めます．それでは，適当な集合 C から逆にノルムを定めることはできるのでしょうか．そのためには集合 C がいくつかの性質を満たす必要があります．まず，C は原点を含み，対称（$\boldsymbol{w} \in C$ ならば $-\boldsymbol{w} \in C$）である必要があります．さらに，C は凸集合であるとします．このとき C を単位球とするノルムは一意に定まります．なぜなら，ノルムの斉次性から，任意の $\alpha > 0$ に対して $\|\boldsymbol{w}\| \leq \alpha$ であるということは $\boldsymbol{w}/\alpha$ が C に含まれることと等価だからです．したがって $\epsilon > 0$ に対して $\boldsymbol{w}/(\alpha+\epsilon) \in C$ かつ $\boldsymbol{w}/\alpha \notin C$ であれば，$\alpha \leq \|\boldsymbol{w}\| \leq \alpha + \epsilon$ が成立し，ノルム $\|\cdot\|$ は一意に定まります．より具体的にはこのノルムは

$$\|\boldsymbol{w}\|_C = \inf_{t \geq 0} \{t : \boldsymbol{w}/t \in C\}$$

と書くことができます（補題 10.2 を参照）．

メモ 10.2 ノルムとその単位球の等価性

2 次元の場合に，ℓ_1 ノルムの単位球が $\boldsymbol{e}_1, -\boldsymbol{e}_1, \boldsymbol{e}_2, -\boldsymbol{e}_2$ の 4 つのベクトルの凸包と一致することを図 **10.2**(a) に示します．グループ ℓ_1 ノルムとトレースノルムに関しても同様です．

すなわち，これらのノルムはそれぞれ適切なアトム集合の凸包を単位球とするノルムであるということがわかります．これらの集合の凸包から定義されるアトミックノルムは，これらの集合の最も厳密な凸近似ということができます（図 10.2(b)）．

次の補題は既存のアトム集合から新しいアトム集合を定義し，それに対応するアトミックノルムを導出する際に有用です．

補題 10.1（アトム集合の和集合）

2 つのアトム集合 $\mathcal{A}_1, \mathcal{A}_2$ の和集合 $\mathcal{A}' = \mathcal{A}_1 \cup \mathcal{A}_2$ を考えます．このとき，新しいアトム集合に関するアトミックノルムは

$$\|\boldsymbol{w}\|_{\mathcal{A}'} = \inf_{\boldsymbol{x},\boldsymbol{y} \in \mathbb{R}^d} (\|\boldsymbol{x}\|_{\mathcal{A}_1} + \|\boldsymbol{y}\|_{\mathcal{A}_2}) \quad \text{subject to} \quad \boldsymbol{w} = \boldsymbol{x} + \boldsymbol{y}$$

と表すことができます．

証明.

アトム集合 $\mathcal{A}'$ に基づく $\boldsymbol{w}$ の任意の分解は

$$\boldsymbol{w} = \underbrace{\sum_{\boldsymbol{v}\in\mathcal{A}_1} \mu(\boldsymbol{v})\boldsymbol{v}}_{=\boldsymbol{x}} + \underbrace{\sum_{\boldsymbol{v}'\in\mathcal{A}_2} \mu(\boldsymbol{v}')\boldsymbol{v}'}_{=\boldsymbol{y}}$$

のようにアトム集合 $\mathcal{A}_1$ によって張られる $\boldsymbol{x}$ と $\mathcal{A}_2$ によって張られる $\boldsymbol{y}$ に分けることができます．したがって，

$$\begin{aligned}\|\boldsymbol{w}\|_{\mathcal{A}'} &= \inf_{\mu,\mu'\geq 0}\left(\sum_{\boldsymbol{v}}\mu(\boldsymbol{v}) + \sum_{\boldsymbol{v}'}\mu'(\boldsymbol{v}')\right)\\ &= \inf_{\substack{\boldsymbol{x},\boldsymbol{y}\in\mathbb{R}^d:\\ \boldsymbol{w}=\boldsymbol{x}+\boldsymbol{y}}}\left\{\inf_{\substack{\mu\geq 0:\\ \boldsymbol{x}=\sum_{\boldsymbol{v}}\mu(\boldsymbol{v})\boldsymbol{v}}}\sum_{\boldsymbol{v}}\mu(\boldsymbol{v}) + \inf_{\substack{\mu'\geq 0:\\ \boldsymbol{y}=\sum_{\boldsymbol{v}'}\mu'(\boldsymbol{v}')\boldsymbol{v}'}}\sum_{\boldsymbol{v}'}\mu'(\boldsymbol{v}')\right\}\\ &= \inf_{\substack{\boldsymbol{x},\boldsymbol{y}\in\mathbb{R}^d:\\ \boldsymbol{w}=\boldsymbol{x}+\boldsymbol{y}}}\left(\|\boldsymbol{x}\|_{\mathcal{A}_1} + \|\boldsymbol{y}\|_{\mathcal{A}_2}\right)\end{aligned}$$

を得ます． □

補題 10.1 は，より一般的には任意の k 個のアトム集合の和集合に対するアトミックノルムがそれぞれのノルムの和の最小値として表されることを意味します．これは ℓ_1 ノルムに関するアトム集合 $\mathcal{A}_{\ell_1}$ も

$$\mathcal{A}_{\ell_1} = \{\boldsymbol{e}_1, -\boldsymbol{e}_1\} \cup \{\boldsymbol{e}_2, -\boldsymbol{e}_2\} \cup \cdots \cup \{\boldsymbol{e}_d, -\boldsymbol{e}_d\}$$

のように表すことができることから自然ですが（この場合は分解は一意であり最小化は必要ありません），上記の事実はアトム集合の要素間に重なりがあっても問題ありません．

10.1.1 重複のあるグループ正則化

例えば以下のように，重なりのあるグループ ℓ_1 ノルムを定義することができます．

例 10.4

$\mathfrak{G} \subseteq 2^{[d]}$ を集合 $\{1, \ldots, d\}$ の任意の（重なりを許す）部分集合の集合とします．このとき，例 10.2 と同様にアトム集合 $\mathcal{A}_{\mathfrak{G}}$ を定義すると，アトミックノルム $\|\cdot\|_{\mathcal{A}_{\mathfrak{G}}}$ は，

$$\|\boldsymbol{w}\|_{\mathfrak{G}} = \inf_{(\boldsymbol{w}^{(\mathfrak{g})})_{\mathfrak{g}\in\mathfrak{G}}} \sum_{\mathfrak{g}\in\mathfrak{G}} \|\boldsymbol{w}^{(\mathfrak{g})}\|_2 \quad \text{subject to} \quad \mathrm{supp}(\boldsymbol{w}^{(\mathfrak{g})}) \subseteq \mathfrak{g}, \boldsymbol{w} = \sum_{\mathfrak{g}\in\mathfrak{G}} \boldsymbol{w}^{(\mathfrak{g})} \tag{10.3}$$

を満たします．ここで，$\boldsymbol{w}^{(\mathfrak{g})} \in \mathbb{R}^d$ $(\mathfrak{g} \in \mathfrak{G})$ は $\boldsymbol{w}$ の部分ベクトルではなく，それぞれ異なるベクトルであることを表すために添字 $\mathfrak{g}$ を上付きにしてあります． □

上記の重複のあるグループ ℓ_1 ノルム正則化は Jacob ら [40] によって関連する遺伝子の集合を同時に選択するために提案されました．関連する遺伝子のグループは遺伝子発現経路をもとに定義することができます．このとき，1 つの遺伝子は複数の発現経路に関わることがあるので，グループは重複しています．

ノルム (10.3) はベクトル $\boldsymbol{w}$ の部分ベクトルに関するノルムの線形和として定義されるノルム（9.1.3 項）とは異なることに注意してください．ベクトル $\boldsymbol{w}$ の分解に関する最小化を伴うノルム (10.3) は，ある変数を含むグループが 1 つでも非ゼロである限り（一般には）非ゼロです．一方，最小化を伴わないノルム (9.5) は，ある変数を含むグループが 1 つでもゼロであればゼロになります．

補題 10.1 を用いると，異なる種類のアトム集合の和から新しいアトミックノルムを定義することもできます．

10.1.2 ロバスト主成分分析

例 10.5

$\mathcal{A}_{\ell_1}^{d_1\times d_2} = \cup_{i\in[d_1],j\in[d_2]}\{\boldsymbol{E}_{i,j}, -\boldsymbol{E}_{i,j}\}$ は 1 つの要素にだけ $+1$ あるいは -1 の値をとり，残りはゼロである $d_1 \times d_2$ 行列の集合と定義します．すなわち，$\mathcal{A}_{\ell_1}^{d_1\times d_2}$ は，$d_1 \times d_2$ 行列の要素単位の ℓ_1 ノルム $\|\cdot\|_{\ell_1}$ を誘導するアトム集合です．アトム集合 $\mathcal{A}_{\mathrm{S+L}}$ を

$$\mathcal{A}_{\mathrm{S+L}} = \mathcal{A}_{\ell_1}^{d_1\times d_2} \cup \mathcal{A}_{\mathrm{rank1}}$$

と定義します．ここで，アトミックノルム $\|\cdot\|_{\mathcal{A}_{\mathrm{S+L}}}$ は

$$\|\boldsymbol{W}\|_{\mathcal{A}_{\mathrm{S+L}}} = \inf_{\boldsymbol{S},\boldsymbol{L}\in\mathbb{R}^{d_1\times d_2}} (\|\boldsymbol{S}\|_{\ell_1} + \|\boldsymbol{L}\|_*) \quad \text{subject to} \quad \boldsymbol{W} = \boldsymbol{S} + \boldsymbol{L} \tag{10.4}$$

を満たします. □

通常の主成分分析は中心化されたデータ行列の特異値分解を行い，大きい特異値に対応する特異ベクトルを計算することで得られます．この計算は任意の行列 $\boldsymbol{Y}$ に対するフロベニウスノルムを基準とする最良ランク r 近似

$$\hat{\boldsymbol{X}} = \underset{\boldsymbol{W}}{\operatorname{argmin}} \|\boldsymbol{Y} - \boldsymbol{X}\|_F^2 \quad \text{subject to} \quad \operatorname{rank}(\boldsymbol{W}) \leq r$$

が行列 $\boldsymbol{Y}$ の上位 r 個の特異値に対応する特異値・特異ベクトル（メモ 8.1 を参照）で得られることに基づいています．ただし，この方法は損失関数がフロベニウスノルム，すなわち要素ごとの二乗誤差の和であるため，外れ値に対して頑健でないという問題があります．

ロバスト主成分分析（robust principal component analysis）[13, 16, 86] では，損失関数を ℓ_1 ノルムとすることで，最小化問題

$$\underset{\boldsymbol{S},\boldsymbol{L}\in\mathbb{R}^{d_1\times d_2}}{\text{minimize}} \quad \|\boldsymbol{S}\|_{\ell_1} + \theta\|\boldsymbol{L}\|_* \quad \text{subject to} \quad \boldsymbol{Y} = \boldsymbol{S} + \boldsymbol{L} \tag{10.5}$$

を解くことを提案しました．ここで $\theta > 0$ は 2 つのノルムの強さのバランスを調節するパラメータです．パラメータ θ が加わったため，最小化問題 (10.5) とアトミックノルムの定義式 (10.4) は少し乖離していますが，アトム集合 $\mathcal{A}_{\mathrm{rank1}}/\theta$ を $\mathcal{A}_{\mathrm{rank1}}$ の各要素を θ で除した集合として，アトム集合を

$$\mathcal{A}_{\mathrm{S+L}}(\theta) = \mathcal{A}_{\ell_1}^{d_1\times d_2} \cup \mathcal{A}_{\mathrm{rank1}}/\theta$$

と定義すると，最小化問題 (10.5) の最小値と行列 $\boldsymbol{Y}$ の $\mathcal{A}_{\mathrm{S+L}}(\theta)$ に関するアトミックノルムは一致します．

外れ値に対する頑健性を確保するために ℓ_1 誤差項を用いることはロバスト統計の分野では自然な発想ですが，このようにアトミックノルムの 1 例としてみることもできます．

10.1.3 マルチタスク学習

例 10.6

アトム集合 $\mathcal{A}_{\mathrm{S+G}}$ を

$$\mathcal{A}_{\mathrm{S+G}} = \mathcal{A}_{\ell_1}^{d_1 \times d_2} \cup \mathcal{A}_{\mathrm{block},\ell_p}$$

ただし,

$$\mathcal{A}_{\mathrm{block},\ell_p} = \left\{ \boldsymbol{V} \in \mathbb{R}^{d_1 \times d_2} : \exists j, \begin{cases} \boldsymbol{V}_{k,:} = \boldsymbol{v}^\top, \|\boldsymbol{v}\|_p \leq 1, & k = j \text{ の場合} \\ \boldsymbol{V}_{k,:} = 0, & \text{それ以外の場合} \end{cases} \right\}$$

と定義します．ここで，アトム集合 $\mathcal{A}_{\mathrm{block},\ell_p}$ の要素 $\boldsymbol{V}$ は，1つの行にだけ非ゼロ要素を持つ $d_1 \times d_2$ 行列です．このとき，アトミックノルム $\|\cdot\|_{\mathcal{A}_{\mathrm{S+G}}}$ は

$$\|\boldsymbol{W}\|_{\mathcal{A}_{\mathrm{S+G}}} = \inf_{\boldsymbol{S},\boldsymbol{G} \in \mathbb{R}^{d_1 \times d_2}} (\|\boldsymbol{S}\|_{\ell_1} + \|\boldsymbol{G}\|_{p,1}) \quad \text{subject to} \quad \boldsymbol{W} = \boldsymbol{S} + \boldsymbol{G}$$

を満たします．ただし，$\|\cdot\|_{\ell_1}$ は行列の要素ごとの ℓ_1 ノルムを表します．□

上記のノルムはマルチタスク学習において，Jalali ら [42] によって，タスクをまたいで共通して使う変数とタスクごとに固有の変数を同時に選択するために用いられました．より具体的には行列 $\boldsymbol{W} = [\boldsymbol{w}_1, \ldots, \boldsymbol{w}_T] \in \mathbb{R}^{d \times T}$ を各列が各タスクのパラメータベクトルに対応する行列として（図 7.1 を参照），ノルム

$$\|\boldsymbol{W}\|_{\mathrm{dirty}} = \inf_{\boldsymbol{S},\boldsymbol{G} \in \mathbb{R}^{d \times T}} (\|\boldsymbol{S}\|_{\ell_1} + \theta \|\boldsymbol{G}\|_{\infty,1}) \quad \text{subject to} \quad \boldsymbol{W} = \boldsymbol{S} + \boldsymbol{G}$$

を考えます．ここでパラメータ $\theta > 0$ は ℓ_1 ノルムとグループ ℓ_1 ノルムの項の強さのバランスを調節するパラメータで，ロバスト主成分分析の場合と同様，アトム集合 $\mathcal{A}_{\mathrm{block},\ell_\infty}$ の各要素を $1/\theta$ 倍することに対応します．

実際にこのノルムを用いてマルチタスク学習を行うときには

$$\underset{\boldsymbol{S},\boldsymbol{G} \in \mathbb{R}^{d \times T}}{\text{minimize}} \quad \hat{L}(\boldsymbol{S} + \boldsymbol{G}) + \lambda (\|\boldsymbol{S}\|_{\ell_1} + \theta \|\boldsymbol{G}\|_{\infty,1}) \tag{10.6}$$

のように制約なしの最小化問題として解を求めます．係数行列 $\boldsymbol{W}$ は $\boldsymbol{W} = \boldsymbol{S} + \boldsymbol{G}$ のように2つの行列に分解され，$\boldsymbol{G}$ が全タスクに共通して選ばれる変

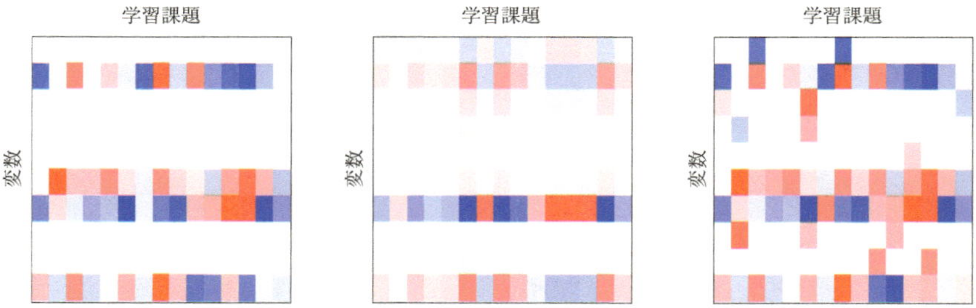

図 10.3 左から，変数に対する行ごとのグループ ℓ_1 ノルム正則化（最小化問題 (7.3)），変数 × タスク行列に対するトレースノルム正則化（最小化問題 (8.3)），ℓ_1+グループ ℓ_1 ノルム正則化（最小化問題 (10.6)）によって得られる係数行列を比較します．

数に対する係数，$\boldsymbol{S}$ が各タスクに特有の係数に対応します（図 **10.3** を参照）．

上記モデルのように 2 つの異なるスパース性を持つ項の和を用いて予測するモデルは（半ば自虐的に？）**汚いモデル**（dirty model）と呼ばれます．汚いモデルであっても Jalali ら [42] のように性能保証を与えることができるので，名前が示すほどアドホックな手法ではありません．ただし，理論解析は，同定可能性の問題が生じ，5 章の場合より格段に難しくなります．

10.1.4 テンソルの核型ノルム

最後に，例 10.3 のアトム集合 $\mathcal{A}_{\mathrm{rank1}}$ の自然な拡張として，高階テンソルに対するトレースノルムの拡張を紹介します．ここで K 階テンソル $\boldsymbol{\mathcal{W}} \in \mathbb{R}^{d_1 \times \cdots \times d_K}$ は K 個の添字を持つ配列であり，$K = 2$ の場合が行列に対応します．例 10.3 を拡張してアトム集合を

$$\mathcal{A}_{\mathrm{rank1}} = \{\boldsymbol{u}_1 \circ \boldsymbol{u}_2 \circ \cdots \circ \boldsymbol{u}_K \in \mathbb{R}^{d_1 \times \cdots \times d_K} : \|\boldsymbol{u}_1\|_2 = \|\boldsymbol{u}_2\|_2 = \cdots = \|\boldsymbol{u}_K\|_2 = 1\}$$

と定義します．ここで $\boldsymbol{u}_1 \circ \boldsymbol{u}_2 \circ \cdots \circ \boldsymbol{u}_K$ は K 本のベクトルの外積（テンソル積）として表されるランク 1 テンソルを表します．

上記のアトム集合に対応するアトミックノルムはテンソルの**核型ノルム** (nuclear norm) と呼ばれます *1．

*1 歴史的な経緯のためかトレースノルムよりも核型ノルムと呼ばれることが多いようです．

10.2　数学的性質

本節では，アトミックノルムとアトム集合の凸包を単位球とするノルムの等価性とアトミックノルムの双対ノルムの表現の2つの数学的性質を説明します．

補題 10.2

アトム集合 $\mathcal{A}$ に対するアトミックノルム $\|\cdot\|_{\mathcal{A}}$ はアトム集合 $\mathcal{A}$ の凸包 $\mathrm{conv}(\mathcal{A})$ をもとに定義されるノルム

$$\|\boldsymbol{w}\|_{\mathcal{A}'} = \inf\{t > 0 : \boldsymbol{w}/t \in \mathrm{conv}(\mathcal{A})\}$$

と等しいです．

証明.

アトミックノルムの定義 (10.1) における任意の分解に対して

$$\mu'(\boldsymbol{v}) = \frac{\mu(\boldsymbol{v})}{\sum_{\boldsymbol{v}' \in \mathcal{A}} \mu(\boldsymbol{v}')}$$

と定義することにより

$$\boldsymbol{w} = \sum_{\boldsymbol{v} \in \mathcal{A}} \mu(\boldsymbol{v}) \cdot \sum_{\boldsymbol{v} \in \mathcal{A}} \mu'(\boldsymbol{v})\boldsymbol{v}$$

を得ます．ここで，$\sum_{\boldsymbol{v}' \in \mathcal{A}} \mu'(\boldsymbol{v}) = 1$ より，$t = \sum_{\boldsymbol{v} \in \mathcal{A}} \mu(\boldsymbol{v})$ に対して

$$\boldsymbol{w}/t \in \mathrm{conv}(\mathcal{A})$$

を得ます．したがって，

$$\|\boldsymbol{w}\|_{\mathcal{A}'} \leq \sum_{\boldsymbol{v} \in \mathcal{A}} \mu(\boldsymbol{v})$$

であり，右辺を最小化することにより $\|\boldsymbol{w}\|_{\mathcal{A}'} \leq \|\boldsymbol{w}\|_{\mathcal{A}}$ となります．

一方，$\boldsymbol{w}/t \in \mathrm{conv}(\mathcal{A})$ となる任意の t に対して，凸包に関する**カラテオドリ**

の定理(Carathéodory's theorem)より $r \le d+1$ 本のベクトル $\boldsymbol{v}_1, \ldots \boldsymbol{v}_r \in \mathcal{A}$ と和が1の係数 $(\mu_r)_{j=1}^r$ が存在して,

$$\boldsymbol{w} = t\sum_{j=1}^r \mu_j \boldsymbol{v}_j$$

と書くことができるので,

$$\|\boldsymbol{w}\|_{\mathcal{A}} \le t\sum_{j=1}^r \mu_j \le t$$

を得ます.この2つをあわせて,$\|\boldsymbol{w}\|_{\mathcal{A}} = \|\boldsymbol{w}\|_{\mathcal{A}'}$ を得ます. □

補題10.2はアトミックノルムの定義(10.1)の和はアトム集合 $\mathcal{A}$ が無限集合であっても,たかだか $d+1$ 個の項の和で書けることも示しています.

補題 10.3

アトム集合 $\mathcal{A}$ に対応するアトミックノルムの双対ノルムは

$$\|\boldsymbol{x}\|_{\mathcal{A}^*} = \sup_{\boldsymbol{w}\in\mathcal{A}} \langle \boldsymbol{x}, \boldsymbol{w} \rangle \tag{10.7}$$

と与えられます.

証明.

定義より

$$\|\boldsymbol{x}\|_{\mathcal{A}^*} = \sup_{\boldsymbol{w}\in\mathbb{R}^d} \langle \boldsymbol{x}, \boldsymbol{w} \rangle \quad \text{subject to} \quad \|\boldsymbol{w}\|_{\mathcal{A}} \le 1$$

です.ここで,アトミックノルムの単位球はアトム集合 $\mathcal{A}$ の凸包に等しいことに注意すると,上記の最大化は凸包の表面で達成されることがわかります.すなわち,再びカラテオドリの定理を用いて $r \le d+1$ 本のベクトル $\boldsymbol{w}_j \in \mathcal{A}$ $(j = 1, \ldots, r)$ と和が1の係数 $(\mu_j)_{j=1}^r$ が存在して,

$$\|\boldsymbol{x}\|_{\mathcal{A}^*} = \sum_{j=1}^r \mu_j \langle \boldsymbol{x}, \boldsymbol{w}_j \rangle$$

が成立します．このとき，もし仮に $\langle \boldsymbol{x}, \boldsymbol{w}_j \rangle < \|\boldsymbol{x}\|_{\mathcal{A}^*}$ となる j が存在すると仮定すると，$\sum_{j=1}^{r} \mu_j = 1$ より，$\langle \boldsymbol{x}, \boldsymbol{w}_k \rangle > \|\boldsymbol{x}\|_{\mathcal{A}^*}$ となる k が存在しなくてはならず，上の分解が最大化を達成することに矛盾します．したがって，すべての $j = 1, \ldots, r$ に対して

$$\|\boldsymbol{x}\|_{\mathcal{A}^*} = \langle \boldsymbol{x}, \boldsymbol{w}_j \rangle$$

が成立します．したがって，最初から最大化を $\boldsymbol{w} \in \mathcal{A}$ に限定しても構わないことがわかります． □

上の事実の例としては ℓ_1 ノルムの双対ノルムが ℓ_∞ ノルム

$$\|\boldsymbol{x}\|_\infty = \max_{j=1,\ldots,d} \max(x_j, -x_j)$$

であること（表 6.1 を参照）や，トレースノルムの双対ノルムがスペクトルノルム

$$\|\boldsymbol{X}\| = \max_{\boldsymbol{u} \in \mathbb{R}^{d_1}, \boldsymbol{v} \in \mathbb{R}^{d_2}} \langle \boldsymbol{u}, \boldsymbol{X} \boldsymbol{v} \rangle$$

であること（表 8.1 を参照）を挙げることができます．

10.3 最適化

アトミックノルムは数学的に洗練されており，さまざまなスパース性を誘導するノルムを含んでいるものの，ℓ_1 ノルム，グループ ℓ_1 ノルム，トレースノルムなどの特殊な場合を除いて，ノルムを計算すること自体や，ノルムに関する prox 作用素を計算することが困難です．

本節では，ある程度の精度の最適化で十分な場合に有効なフランク・ウォルフェ法と，もう少し高い精度の解を得たい場合に有効な双対交互方向乗数法を紹介します．

10.3.1 フランク・ウォルフェ法

補題 10.3 で見たように双対ノルムの計算はアトム集合に対する最大化であり，prox 作用素が計算できない場合でも，双対ノルムは比較的容易に計算できる可能性があります．このようなときには，次に示すフランク・ウォルフェ

フェ法が有効です．

フランク・ウォルフェ法（Frank-Wolfe method）[33] は制約付き最小化問題

$$\underset{\boldsymbol{w}\in\mathbb{R}^d}{\text{minimize}} \quad \hat{L}(\boldsymbol{w}) \quad \text{subject to} \quad \|\boldsymbol{w}\|_{\mathcal{A}} \leq C$$

を解くための方法で，次のように表すことができます．

1. $\boldsymbol{w}^1$ を $\|\boldsymbol{w}^1\|_{\mathcal{A}} \leq C$ となるように初期化します
2. 以下を $t = 1, \ldots, T$ まで繰り返します
   (a) $\boldsymbol{v}^t = \text{argmax}_{\boldsymbol{v}\in\mathcal{A}}\langle \boldsymbol{v}, -\nabla\hat{L}(\boldsymbol{w}^t)\rangle$ を計算します
   (b) $\gamma = 2/(t+2)$ を用いて，$\boldsymbol{w}^{t+1} = (1-\gamma)\boldsymbol{w}^t + \gamma C\boldsymbol{v}^t$ と更新します

ここで，いくつか注目に値する点を挙げます．

- ステップ 2(a) は勾配ベクトル $\nabla\hat{L}(\boldsymbol{w}^t)$ に対する双対ノルムの計算 (10.7) に他ならないことに注意してください．この計算は厳密に行うことができなくとも
$$\langle \boldsymbol{v}, -\nabla\hat{L}(\boldsymbol{w}^t)\rangle \geq \max_{\boldsymbol{v}'\in\mathcal{A}}\langle \boldsymbol{v}', -\nabla\hat{L}(\boldsymbol{w}^t)\rangle - \frac{1}{2}\delta\gamma C_{\hat{L}} \tag{10.8}$$
を満たす $\boldsymbol{v}$ を見つけることができれば，後で示す収束性を保証することができます．ここで，$\delta > 0$ は近似最大化の緩さを表すパラメータであり，**曲率パラメータ** $C_{\hat{L}}$ は下で収束の速さを議論する際に定義します．
- ステップ 2(b) の更新は前のステップで得られた解 $\boldsymbol{w}^t$ と新しいアトム集合の要素 $\boldsymbol{v}^t$（の C 倍）の凸結合であるので，$\boldsymbol{w}^{t+1}$ は必ず $\|\boldsymbol{w}^{t+1}\|_{\mathcal{A}} \leq C$ を満たし，$\boldsymbol{w}^1 = 0$ ならば，$\boldsymbol{w}^{t+1}$ はたかだか t 個のアトム集合の要素の凸結合となります．凸結合の係数 γ は，ここではあらかじめ定めていますが，直線探索を行ってもよいし，t ステップまでに得られたアトム $\boldsymbol{v}^1, \ldots, \boldsymbol{v}^t$ に対するすべての係数を各反復で最適化してもかまいません．

フランク・ウォルフェ法の収束の速さは Frank と Wolfe[33]，Dunn[28] に

よって明らかにされ，最近では Clarkson[18]，Jaggi[41] によってその性質が広く知られるようになりました．収束の速さは近接勾配法と同様 $O(1/k)$ であり，

$$\hat{L}(\boldsymbol{w}^k) - \min_{\boldsymbol{w}\in B(C;\|\cdot\|_{\mathcal{A}})} \hat{L}(\boldsymbol{w}) \leq \frac{2C_{\hat{L}}}{k+2}(1+\delta)$$

であることが示されています [41]．ここで，δ は近似的最大化 (10.8) のパラメータであり，曲率パラメータ $C_{\hat{L}}$ は

$$C_{\hat{L}} = \sup_{\substack{\boldsymbol{x},\boldsymbol{y}\in B(C;\|\cdot\|_{\mathcal{A}}),\\ 0\leq\gamma\leq 1}} \frac{2}{\gamma^2}\left(\hat{L}(\gamma\boldsymbol{y}+(1-\gamma)\boldsymbol{x}) - \hat{L}(\boldsymbol{x}) - \gamma\langle \boldsymbol{y}-\boldsymbol{x}, \nabla\hat{L}(\boldsymbol{x})\rangle\right)$$

のように定義します．ただし，$B(C;\|\cdot\|_{\mathcal{A}})$ は半径 C のアトミックノルム球です．曲率パラメータは関数 $\hat{L}$ のなめらかさと集合 $B(C;\|\cdot\|_{\mathcal{A}})$ に依存する量で，具体的には関数 $\hat{L}$ が H スムーズで，集合 $B(C;\|\cdot\|_{\mathcal{A}})$ の直径が D であれば，$C_{\hat{L}} \leq D^2 H$ が成り立ちます．

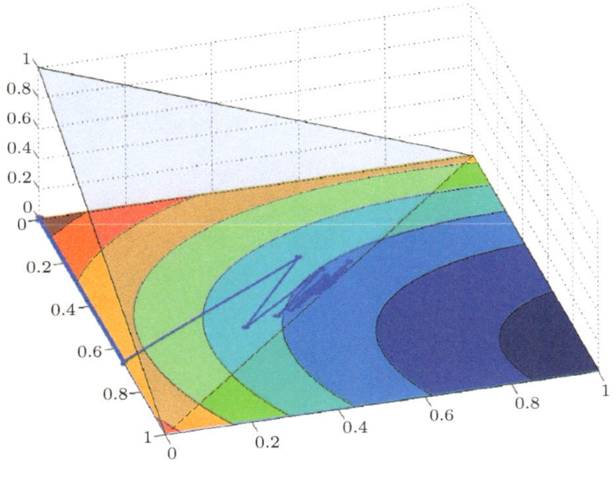

図 10.4 3 次元でのフランク・ウォルフェ法の挙動．真のパラメータベクトル $\boldsymbol{w}^* = (1,1,0)^\top$ とし，$d=3$, $n=10$ の ℓ_1 ノルム制約付き二乗回帰問題をランダムに生成しました．XY 平面の等高線は経験誤差 $\hat{L}(\boldsymbol{w})$ を表します．正則化パラメータ $C=1$ としたため，解は 3 次元単体の内部に制約されています．

図 **10.4** に 3 次元でのフランク・ウォルフェ法の挙動を示します．真のパラメータベクトル $\boldsymbol{w}^* = (1,1,0)^\top$ とするランダムな二乗回帰問題を生成し，ℓ_1 ノルムを制約に用いました．制約集合が多面体の場合，フランク・ウォルフェ法は各反復で制約集合の頂点の中で負の勾配方向と最も相関の高い頂点の方向にステップサイズ γ で進みます．初期反復の誤差の減少は顕著ですが，一般に，収束に近づくにつれて勾配方向と各反復で選ばれる頂点の方向が直交に近くなるため，誤差の減少は緩やかになります．

10.3.2 双対における交互方向乗数法

双対における交互方向乗数法はロバスト主成分分析 (10.5) のように，アトミックノルムがより基本的な正則化項（この場合は ℓ_1 ノルムとトレースノルム）の和として書くことができる場合に有効な方法です．

少し一般化して最適化問題

$$\underset{\boldsymbol{S},\boldsymbol{L}}{\text{minimize}} \quad \frac{1}{2\lambda}\|\boldsymbol{Y}-\boldsymbol{S}-\boldsymbol{L}\|_F^2 + \|\boldsymbol{S}\|_{\ell_1} + \theta\|\boldsymbol{L}\|_* \tag{10.9}$$

を考えます．ここで $\lambda > 0$ は正則化パラメータで，$\lambda \to 0$ の極限で上記最小化問題はロバスト主成分分析 (10.5) に一致します．この最適化問題の双対問題は補助変数 $\boldsymbol{Z}_S, \boldsymbol{Z}_L \in \mathbb{R}^{d_1\times d_2}$ を導入することにより

$$\begin{aligned}&\underset{\boldsymbol{A},\boldsymbol{Z}_S,\boldsymbol{Z}_L}{\text{minimize}} && \frac{\lambda}{2}\|\boldsymbol{A}\|_F^2 - \langle \boldsymbol{Y},\boldsymbol{A}\rangle + \delta_{\|\cdot\|_{\ell_\infty}\le 1}(\boldsymbol{Z}_S) + \delta_{\|\cdot\|\le\theta}(\boldsymbol{Z}_L)\\ &\text{subject to} && \boldsymbol{A}=\boldsymbol{Z}_S, \quad \boldsymbol{A}=\boldsymbol{Z}_L\end{aligned} \tag{10.10}$$

と書くことができます．ここで，δ は 6.5 節で定義した集合の指示関数であり，$\|\cdot\|_{\ell_\infty}$ は行列の要素ごとの ℓ_∞ ノルム，$\|\cdot\|$ はスペクトルノルムを表します．

6.5 節と同様の導出により，拡張ラグランジュ関数

$$\begin{aligned}\mathcal{L}_\eta(\boldsymbol{A},\boldsymbol{Z}_S,\boldsymbol{Z}_L,\boldsymbol{S},\boldsymbol{L}) =& \frac{\lambda}{2}\|\boldsymbol{A}\|_F^2 - \langle \boldsymbol{Y},\boldsymbol{A}\rangle + \delta_{\|\cdot\|_{\ell_\infty}\le 1}(\boldsymbol{Z}_S) + \delta_{\|\cdot\|\le\theta}(\boldsymbol{Z}_L)\\ &+ \langle \boldsymbol{S},\boldsymbol{A}-\boldsymbol{Z}_S\rangle + \langle \boldsymbol{L},\boldsymbol{A}-\boldsymbol{Z}_L\rangle\\ &+ \frac{\eta}{2}\left(\|\boldsymbol{A}-\boldsymbol{Z}_S\|_F^2 + \|\boldsymbol{A}-\boldsymbol{Z}_L\|_F^2\right)\end{aligned} \tag{10.11}$$

と書くことができます．ここで，$\boldsymbol{S}$，$\boldsymbol{L}$ はそれぞれ補助変数 $\boldsymbol{Z}_S$，$\boldsymbol{Z}_L$ に対応

するラグランジュ乗数で，主問題 (10.9) の変数に対応します．

ここから双対拡張ラグランジュ法を導出することもできるのですが，拡張ラグランジュ関数の微分や 2 階微分をすべての正則化項の組み合わせに関して求めるのは煩雑です．そこでより簡易な方法として，6.6 節で導入した交互方向乗数法を用います．

更新式はこの問題の場合，形式的には

$$\boldsymbol{A}^{t+1} = \operatorname*{argmin}_{\boldsymbol{A}} \mathcal{L}_\eta(\boldsymbol{A}, \boldsymbol{Z}_S^t, \boldsymbol{Z}_L^t, \boldsymbol{S}^t, \boldsymbol{L}^t) \tag{10.12}$$

$$(\boldsymbol{Z}_S^{t+1}, \boldsymbol{Z}_L^{t+1}) = \operatorname*{argmin}_{\boldsymbol{Z}_S, \boldsymbol{Z}_L} \mathcal{L}_\eta(\boldsymbol{A}^{t+1}, \boldsymbol{Z}_S, \boldsymbol{Z}_L, \boldsymbol{S}^t, \boldsymbol{L}^t) \tag{10.13}$$

$$\boldsymbol{S}^{t+1} = \boldsymbol{S}^t + \eta(\boldsymbol{A}^{t+1} - \boldsymbol{Z}_S^{t+1}) \tag{10.14}$$

$$\boldsymbol{L}^{t+1} = \boldsymbol{L}^t + \eta(\boldsymbol{A}^{t+1} - \boldsymbol{Z}_L^{t+1}) \tag{10.15}$$

のように書けます．双対変数 $\boldsymbol{A}^t$ に関する更新式 (10.12) は補助変数 $\boldsymbol{Z}_S^t, \boldsymbol{Z}_L^t$ を固定して計算されます．補助変数 $\boldsymbol{Z}_S, \boldsymbol{Z}_L$ に関する更新式 (10.13) は上で更新した新しい $\boldsymbol{A}^{t+1}$ を用いて計算されます．双対問題に関するラグランジュ乗数（主変数）に関する更新式 (10.14), (10.15) は 6.6 節の式 (6.36) と同様に，ステップサイズ η で勾配方向に進みます．拡張ラグランジュ関数 (10.11) を代入して変形すると，より具体的に

$$\boldsymbol{A}^{t+1} = \frac{1}{\lambda + 2\eta}\left(\boldsymbol{Y} - \boldsymbol{S}^t - \boldsymbol{L}^t + \eta(\boldsymbol{Z}_S^t + \boldsymbol{Z}_L^t)\right) \tag{10.16}$$

$$\boldsymbol{S}^{t+1} = \mathrm{prox}_\eta^{\ell_1}\left(\boldsymbol{S}^t + \eta \boldsymbol{A}^{t+1}\right) \tag{10.17}$$

$$\boldsymbol{L}^{t+1} = \mathrm{prox}_{\theta\eta}^{\mathrm{tr}}\left(\boldsymbol{L}^t + \eta \boldsymbol{A}^{t+1}\right) \tag{10.18}$$

と書くことができます．ただし，$\boldsymbol{Z}_S^t$ と $\boldsymbol{Z}_L^t$ は従属変数として，

$$\boldsymbol{Z}_S^{t+1} = (\boldsymbol{S}^t - \boldsymbol{S}^{t+1})/\eta + \boldsymbol{A}^{t+1},$$
$$\boldsymbol{Z}_L^{t+1} = (\boldsymbol{L}^t - \boldsymbol{L}^{t+1})/\eta + \boldsymbol{A}^{t+1}$$

と更新します．

上記更新式はトレースノルムに対する prox 作用素の計算 (10.18) を除いて，すべて要素ごとの計算であり，効率的に計算することができます．さらに，等式制約問題 (10.5) を解きたい場合は，更新式 (10.16) で $\lambda = 0$ とおけ

ばよいので，等式制約の場合と誤差を許容する場合を同じ枠組みで扱うことができて便利です．

10.4 ロバスト主成分分析を用いた前景画像抽出

本節ではロバスト主成分分析（例 10.5）を用いた前景画像抽出の具体例を説明します．入力は長さ 200 の画像系列で各フレームは 176×144 画像です．各フレームを 25344 次元の列ベクトルにベクトル化して並べた 25344×200 行列 $\boldsymbol{Y}$ を入力行列とします．ただし，Li ら [50] によって提供されているもとの画像系列の長さは 3584 ですが，ここでは計算の容易さのためにダウンサンプルし 200 にしてあります．この実験では正則化パラメータ $\lambda = 10^{-6}$，$\theta = \sqrt{25344} = 159.2$ としました．このように θ をとる理由については Can-

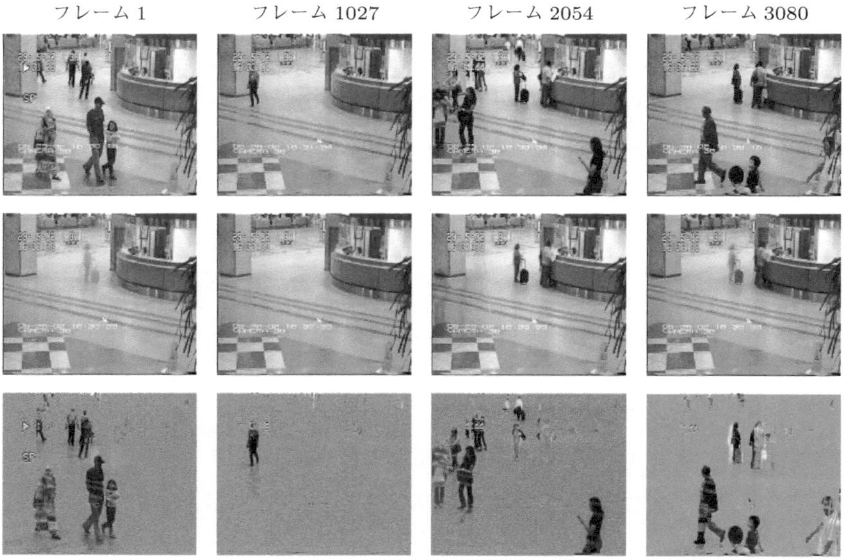

図 10.5 前景画像抽出の結果．第 1 行は入力画像（入力画像系列から等間隔に 4 枚選んでいます），第 2 行は推定された低ランク行列 $\boldsymbol{L}$ の対応する列，第 3 行は推定された低ランク行列 $\boldsymbol{S}$ の対応する列を表します．

des ら [13] を参照してください．

$\boldsymbol{Y}$ を低ランク行列 $\boldsymbol{L}$ とスパース行列 $\boldsymbol{S}$ に分解することにより，時間の経過につれてゆっくりと変化する背景は $\boldsymbol{L}$ へ，通行者など一部のフレームにしか現れない対象はスパース行列 $\boldsymbol{S}$ へ分離できることが期待できます．一般的に画像処理では，このような分離をするために画素ごとに**中央値**（メディアン）をとることが行われます．中央値は ℓ_1 誤差の和を最小化することによって得られるため（メモ 3.2 を参照），このような処理は $\boldsymbol{L}$ の列がすべて等しい（中央値がフレームからフレームの間で変化しない）より制約されたモデルに基づく推定ととらえることができます．

図 **10.5** に入力データ $\boldsymbol{Y}$ および，実験の結果得られた行列 $\boldsymbol{L}$ と $\boldsymbol{S}$ のいくつかの対応するフレームを示します．多くの通行者がスパース行列 $\boldsymbol{S}$ に抽出され，うまく低ランク行列 $\boldsymbol{L}$ から分離されていることがわかります．一方，2054 および 3080 フレーム目のスーツケースを持った人物のように，長時間カメラの視野内に動かずにとどまっている対象は背景と区別することができず，低ランク行列 $\boldsymbol{L}$ に含められていることもわかります．背景画像はこの図からはわかりにくいですが，時間の経過に従って全体的な明るさがゆっくりと変化し，低ランク性の仮定が適していることがわかります．

図 **10.6** に推定のために用いた交互方向乗数法（10.3.2 項）の振る舞いを示します．双対問題を解いているため，双対目的関数は単調に増加していますが，主問題の目的関数は必ずしも単調に減少しないことがわかります．それでも反復数が 300 回程度で主問題と双対問題の目的関数の差（ギャップ）はほとんど無視できるほどになっています．ここに示した結果は相対双対ギャップ

$$\left(f(\boldsymbol{S}^t, \boldsymbol{L}^t) - g(\tilde{\boldsymbol{Z}}_L^t)\right) / f(\boldsymbol{S}^t, \boldsymbol{L}^t) \leq 10^{-3}$$

を満たした 620 回の反復での結果です．ここで，主問題の目的関数

$$f(\boldsymbol{S}, \boldsymbol{L}) = \frac{1}{2\lambda} \|\boldsymbol{Y} - \boldsymbol{S} - \boldsymbol{L}\|_F^2 + \|\boldsymbol{S}\|_{\ell_1} + \theta \|\boldsymbol{L}\|_*$$

とおき，双対問題の目的関数

$$g(\boldsymbol{A}) = -\frac{\lambda}{2} \|\boldsymbol{A}\|_F^2 + \langle \boldsymbol{Y}, \boldsymbol{A} \rangle$$

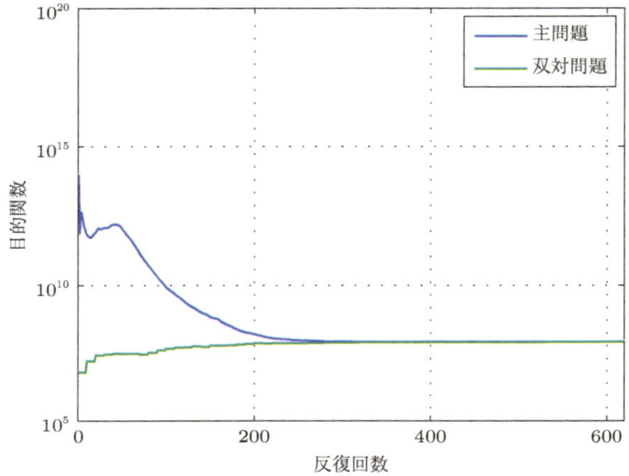

図 10.6 交互方向乗数法の振る舞い．主問題 (10.9) と双対問題 (10.10) の目的関数値を反復回数に対して示します．

とおきました．さらに，$\tilde{\boldsymbol{Z}}_L^t := \boldsymbol{Z}_L/\|\boldsymbol{Z}_L\|_{\ell_\infty}$ としました．ここで，$\|\cdot\|_{\ell_\infty}$ は行列の要素ごとの ℓ_∞ ノルムを表します．最後の操作は双対問題 (10.10) の制約である ℓ_∞ ノルム単位球への射影です．

Chapter 11

おわりに

最後に本書のまとめに代えていくつかの疑問点を整理したいと思います.

11.1 何がスパース性を誘導するのか

3 章では「非ゼロ要素の数」という最適化しにくい量の代わりに ℓ_1 ノルムが用いられることを説明しました. ℓ_1 ノルムは連続で, 非ゼロ要素の数が少ない（スパースな）点で微分不可能なため, 最適解は一般にスパースになります.

この意味においては連続で, ベクトル $\boldsymbol{w}$ の各要素の絶対値 $|w_j|$ に関して凹（上に凸）で単調な関数 g の和

$$R(\boldsymbol{w}) = \sum_{j=1}^{d} g(|w_j|)$$

は, 同様にスパース正則化項として有効だといえます [48]. 実際に $p \leq 1$ に対して $g(|w|) = |w|^p$ や, $\epsilon > 0$ に対して $g(|w|) = \log(|w| + \epsilon)$ などの正則化項が使われています [14]. ℓ_1 ノルムは $g(|w|) = |w|$ の場合であり, g が凹かつ凸であるため, スパース性を誘導する性質と凸関数という 2 つの性質を兼ね持つ点が特別です（図 **11.1** を参照）.

10 章ではこれを任意のアトム集合に拡張しました. アトム集合は「すべての 1 スパースな単位ベクトル」「すべてのランク 1 行列」のように, 対象とす

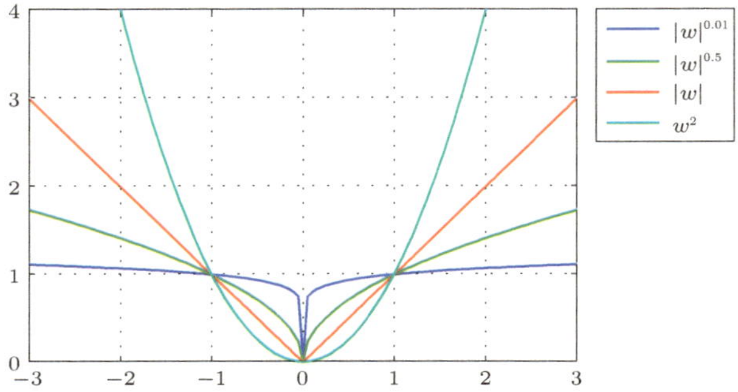

図 11.1 関数 g をいくつかプロットしました．$p = 0.01, 0.5, 1$ は $|w|$ に関して凹なのでスパース性を誘導しますが，$p = 2$ は凹ではないのでスパース性を誘導しません．

るスパース性を表現します．任意のアトム集合に対してアトム集合の凸包を単位球とするノルムを定義することができ，そのアトム集合が表すスパース性に関して最もタイトな凸緩和を与えます．アトミックノルムは ℓ_1 ノルムやトレースノルムのようなすでに知られているノルムを特殊な場合として含むだけではなく，例えばスパースでかつ低ランクな行列の集合など，新しい種類のスパース性を誘導するノルムを導出するための系統的な枠組みです．アトミックノルムの単位球はアトム集合の凸包として定義されているため，少数のアトムの凸結合で表される点は，この単位球の辺や低次元の面に対応し，ℓ_1 ノルムの場合と同様に微分不可能性を持っています．4 章で議論した統計的次元をこれらの点におけるアトミックノルム効果錐に関して計算することができれば，原理的にはどのようなアトム集合に対しても，どれくらいのサンプル数があれば，スパースな解が復元できるのかを明らかにすることができます．

11.2 どのような問題にスパース性は適しているのか

すべての事前知識と同様，スパース性もすべての問題に適しているわけではありません．スパース性が有効かどうかは経験的には，以下のようなチェックリストを考えることができます．

1. 次元 d がサンプル数 n よりもずっと大きい学習／推定問題を考えている
2. 予測性能だけではなく，なぜ予測できるのかを説明できることが重要である
3. 検出したい信号の分布が裾が重い
4. 除去したい雑音の分布が裾が軽い

バイオインフォマティクスなどの分野でスパース性が積極的に利用されているのは仮説候補の数 d がサンプル数 n よりもずっと大きいという 1. の理由と，究極の目的が予測することではなく生物というシステムを理解することであるという 2. の理由が挙げられます．

地学の物理探査や画像の雑音除去などで比較的早い時期からスパース性が用いられたのは，これらの問題が逆問題であるという 1. の理由だけでなく，検出したい信号の裾が重いという 3. の性質が有効な仮定であるという理由が挙げられます．**図 11.2** に，図 9.2 の元画像と正規雑音画像の勾配のノルムの分布を比較します．自然な画像は多くのエッジを含んでいるため，勾配がゼロに近い値あるいは大きい値の両方に分布しています．これを一般に，分布の**裾が重い**と表現します．一方，雑音画像の勾配は平均値の周りに集中しています．ここで，ベクトルの係数の集合を分布とみたときに裾が重いべ

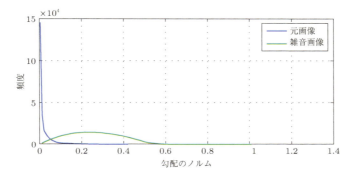

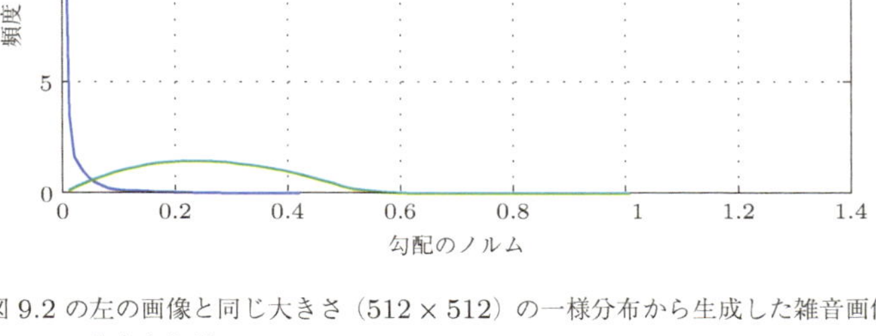

図 11.2 図 9.2 の左の画像と同じ大きさ（512 × 512）の一様分布から生成した雑音画像の勾配のノルムの分布を比較．

クトルは，係数の集合が平均値の周りに集中しているベクトルに比べて，ℓ_1 ノルムが小さいという性質が成り立ちます．分布の裾が重いという性質は多くの要素が（厳密に）ゼロであるという性質よりはずっと緩い条件であることに注意してください．

最後に 3. の理由と裏返しになりますが，除去したい雑音の分布が裾が軽いという性質 4. に注意してください．定理 5.2 では正則化定数 λ_n が不等式の右辺に現れることをみました．ここで，λ_n は $\lambda_n \geq 2\|\boldsymbol{X}^\top\boldsymbol{\xi}\|_\infty/n$ を満たすように選ぶ必要があります．雑音 $\boldsymbol{\xi}$ が正規雑音の場合，補題 5.4 により，この ℓ_∞ ノルムは $O(\sqrt{\log(d)})$ のように次元 d に対して非常にゆっくりとしか増加しません．このことから，実は ℓ_1 ノルムが先にあって，その双対ノルムである ℓ_∞ ノルムが解析に現れたというよりも，逆に理論解析に現れるノルム（この場合は ℓ_∞ ノルム）を雑音の分布に関して小さい値をとるように選び，その双対ノルム（この場合は ℓ_1 ノルム）を用いて推定量を作っていると考えることもできます．この議論は ℓ_1 ノルム以外のスパース性を誘導するノルムであっても同様です．

11.3 結局，どの最適化アルゴリズムを使えばよいのか

これはさまざまな条件に依存するため，簡単に回答することはできませんが，まずは既存のパッケージを使ってみるのがよいのではないかと思います．筆者が公開している双対拡張ラグランジュ (DAL) 法 *1 の他にも，フランスのグループが公開している SPAMS (sparse modeling software)*2 もよく使われているソフトウェアパッケージです．

既存のソフトウェアパッケージを使う際の問題は，必ずしも解きたい最適化問題が実装されていないという点です．6，9，10 章で紹介した交互方向乗数法は実装が簡単で調整すべきパラメータがなく，さまざまな問題に適用しやすい方法です．9 章では重複のあるスパース正則化問題のための主問題に対する交互方向乗数法を紹介し，10 章では加法的なスパース正則化問題のための双対問題に対する交互方向乗数法を紹介しました．多くのスパース正則化の問題が，これらのどちらかに含まれると考えられます．

---

*1 https://github.com/ryotat/dal/

*2 http://spams-devel.gforge.inria.fr/

Bibliography

参考文献

[1] D. Amelunxen, M. Lotz, M. B. McCoy, and J. A. Tropp. Living on the edge: A geometric theory of phase transitions in convex optimization. *Information and Inference*, 3(3):224–294, 2014.

[2] G. Andrew and J. Gao. Scalable training of L^1-regularized log-linear models. In *Proceedings of the 24th International Conference on Machine Learning*, 33–40, 2007.

[3] N. Aronszajn. Theory of reproducing kernels. *T. Am. Math. Soc.*, 68:337–404, 1950.

[4] S. Baillet, J. C. Mosher, and R. M. Leahy. Electromagnetic brain mapping. *IEEE Signal Proc. Mag., IEEE*, 18(6):14–30, 2001.

[5] R. Baraniuk, M. Davenport, R. DeVore, and M. Wakin. A simple proof of the restricted isometry property for random matrices. *Constr. Approx.*, 28(3):253–263, 2008.

[6] A. Beck and M. Teboulle. A fast iterative shrinkage-thresholding algorithm for linear inverse problems. *SIAM J. Imaging Sci.*, 2(1):183–202, 2009.

[7] J. M. Bioucas-Dias. Bayesian wavelet-based image deconvolution: A GEM algorithm exploiting a class of heavy-tailed priors. *IEEE Trans. Image Process.*, 15:937–951, 2006.

[8] S. Boyd, N. Parikh, E. Chu, B. Peleato, and J. Eckstein. Distributed optimization and statistical learning via the alternating direction method of multipliers. *Foundations and Trends in Machine Learning*, 3(1):1–122, 2010.

[9] E. J. Candès and B. Recht. Exact matrix completion via convex optimization. *Found. Comput. Math.*, 9(6):717–772, 2009.

[10] E. J. Candès, J. Romberg, and T. Tao. Robust uncertainty principles: Exact signal reconstruction from highly incomplete frequency information. *IEEE Trans. Inform. Theory*, 52(2):489–509, 2006.

[11] E. J. Candès and T. Tao. The power of convex relaxation: Near-optimal matrix completion. *IEEE Trans. Inform. Theory*, 56(5):2053–2080, 2010.

[12] E. J. Candès. The restricted isometry property and its implications for compressed sensing. *Comptes Rendus Mathematique*, 346(9):589–592, 2008.

[13] E. J. Candès, X. Li, Y. Ma, and J. Wright. Robust principal component analysis? *J. ACM*, 58(3):11, 2011.

[14] E. J. Candès, M. B. Wakin, and S. P. Boyd. Enhancing sparsity by reweighted ℓ_1 minimization. *J. Fourier Anal. Appl.*, 14(5-6):877–905, 2008.

[15] V. Chandrasekaran, B. Recht, P. A. Parrilo, and A. S. Willsky. The convex geometry of linear inverse problems. *Found. Comput. Math.*, 12(6):805–849, 2012.

[16] V. Chandrasekaran, S. Sanghavi, P. A. Parrilo, and A. S. Willsky. Rank-sparsity incoherence for matrix decomposition. *SIAM J. Optimiz.*, 21(2):572–596, 2011.

[17] S. Chen, D. L. Donoho, and M. Saunders. Atomic decomposition by basis pursuit. *SIAM J. Sci. Comput.*, 20(1):33–61, 1998.

[18] K. L. Clarkson. Coresets, sparse greedy approximation, and the Frank-Wolfe algorithm. *ACM T. Algorithms (TALG)*, 6(4):63, 2010.

[19] P. L. Combettes and J.-C. Pesquet. Proximal splitting methods in signal processing. In H. H. Bauschke, R. Burachik, P. L. Combettes, V. Elser, D. R. Luke, and H. Wolkowicz, editors, *Fixed-Point Algorithms for Inverse Problems in Science and Engineering*, Springer,

2011.

[20] P. L. Combettes and V. R. Wajs. Signal recovery by proximal forward-backward splitting. *Multiscale Model. Simul.*, 4(4):1168–1200, 2005.

[21] I. Daubechies, M. Defrise, and C. De Mol. An iterative thresholding algorithm for linear inverse problems with a sparsity constraint. *Commun. Pur. Appl. Math.*, LVII:1413–1457, 2004.

[22] D. L. Donoho. De-noising by soft-thresholding. *IEEE Trans. Inform. Theory*, 41(3):613–627, 1995.

[23] D. L. Donoho, A. Maleki, and A. Montanari. Message-passing algorithms for compressed sensing. *Proc. Nat. Acad. Sci. U.S.A.*, 106(45):18914–18919, 2009.

[24] D. L. Donoho and J. Tanner. Counting the faces of randomly-projected hypercubes and orthants, with applications. *Discrete Comput Geom*, 43:522–541, 2010.

[25] D. L. Donoho and J. Tanner. Counting faces of randomly projected polytopes when the projection radically lowers dimension. *J. Am. Math. Soc.*, 22(1):1–53, 2009.

[26] D. L. Donoho and J. Tanner. Observed universality of phase transitions in high-dimensional geometry, with implications for modern data analysis and signal processing. *Philos. T. Roy. Soc. A.*, 367(1906):4273–4293, 2009.

[27] D. L. Donoho and P. B. Stark. Uncertainty principles and signal recovery. *SIAM J. Appl. Math.*, 49(3):906–931, 1989.

[28] J. C. Dunn. Rates of convergence for conditional gradient algorithms near singular and nonsingular extremals. *SIAM J. Control Optimiz.*, 17(2):187–211, 1979.

[29] J. Eckstein and D. P. Bertsekas. On the Douglas-Rachford splitting

method and the proximal point algorithm for maximal monotone operators. *Math. Program.*, 55(1):293–318, 1992.

[30] M. A. T. Figueiredo, J. M. Bioucas-Dias, and R. D. Nowak. Majorization-minimization algorithms for wavelet-based image restoration. *IEEE Trans. Image Process.*, 16(12):2980–2991, 2007.

[31] M. A. T. Figueiredo and R. Nowak. An EM algorithm for wavelet-based image restoration. *IEEE Trans. Image Process.*, 12:906–916, 2003.

[32] R. Foygel and N. Srebro. Concentration-based guarantees for low-rank matrix reconstruction. In *JMLR W&CP 19 (COLT2011)*, 315–339. MIT Press, 2011.

[33] M. Frank and P. Wolfe. An algorithm for quadratic programming. *Nav. Res. Logist. Q.*, 3(1-2):95–110, 1956.

[34] S. Gandy, B. Recht, and I. Yamada. Tensor completion and low-n-rank tensor recovery via convex optimization. *Inverse Problems*, 27:025010, 2011.

[35] M. Girolami. A variational method for learning sparse and overcomplete representations. *Neural Comput.*, 13(11):2517–2532, 2001.

[36] T. Goldstein and S. Osher. The split Bregman method for L1-regularized problems. *SIAM J. Imaging Sci.*, 2(2):323–343, 2009.

[37] I. F. Gorodnitsky and B. D. Rao. Sparse signal reconstruction from limited data using FOCUSS: A re-weighted minimum norm algorithm. *IEEE Trans. Signal Process.*, 45(3):600–616, 1997.

[38] N. Halko, G. Martinsson, and J. A. Tropp. Finding structure with randomness: Probabilistic algorithms for constructing approximate matrix decompositions. *SIAM Review*, 53(2):217–288, 2011.

[39] M. R. Hestenes. Multiplier and gradient methods. *J. Optim. The-*

ory Appl., 4:303–320, 1969.

[40] L. Jacob, G. Obozinski, and J. P. Vert. Group Lasso with overlap and graph Lasso. In *Proceedings of the 26th International Conference on Machine Learning*, 433–440, 2009.

[41] M. Jaggi. Revisiting frank-wolfe: Projection-free sparse convex optimization. In *Proceedings of the 30th International Conference on Machine Learning*, 427–435, 2013.

[42] A. Jalali, P. Ravikumar, S. Sanghavi, and C. Ruan. A dirty model for multi-task learning. In J. Lafferty, C. K. I. Williams, J. Shawe-Taylor, R.S. Zemel, and A. Culotta, editors, *Adv. Neural. Inf. Process. Syst. 23*, 964–972, 2010.

[43] S. Ji and J. Ye. An accelerated gradient method for trace norm minimization. In *Proceedings of the 26th International Conference on Machine Learning*, 457–464, 2009.

[44] Y. Kabashima, T. Wadayama, and T. Tanaka. A typical reconstruction limit for compressed sensing based on $\mathrm{L_p}$-norm minimization. *J. Stat. Mech.-Theory E.*, 2009.

[45] R. H. Keshavan, A. Montanari, and S. Oh. Matrix completion from noisy entries. *J. Mach. Learn. Res.*, 11:2057–2078, 2010.

[46] M. Kloft, U. Brefeld, S. Sonnenburg, and A. Zien. Lp-norm multiple kernel learning. *J. Mach. Learn. Res.*, 12:953–997, 2011.

[47] T. G. Kolda and B. W. Bader. Tensor decompositions and applications. *SIAM Review*, 51(3):455–500, 2009.

[48] K. Kreutz-Delgado, J. F. Murray, B. D. Rao, K. Engan, Te-Won Lee, and T. J. Sejnowski. Dictionary learning algorithms for sparse representation. *Neural Comput.*, 15(2):349–396, 2003.

[49] R. M. Larsen. Lanczos bidiagonalization with partial reorthogonalization. Technical Report DAIMI PB-357, Department of Com-

puter Science, Aarhus University,, 1998.

[50] L. Li, W. Huang, I. Yu-Hua Gu, and Q. Tian. Statistical modeling of complex backgrounds for foreground object detection. *IEEE Trans. Image Process.*, 13(11):1459–1472, 2004.

[51] P. L. Lions and B. Mercier. Splitting algorithms for the sum of two nonlinear operators. *SIAM J. Numer. Anal.*, 16(6):964–979, 1979.

[52] B. F. Logan. *Properties of high-pass signals.* PhD thesis, Department of Electrical Engineering, Columbia University, 1965.

[53] M. Lustig, D. L. Donoho, and J. M. Pauly. Sparse MRI: The application of compressed sensing for rapid MR imaging. *Magnetic resonance in medicine*, 58(6):1182–1195, 2007.

[54] R. Mammone and G. Eichmann. Restoration of discrete Fourier spectra using linear programming. *J. Opt. Soc. Am.*, 72(8):987–992, 1982.

[55] O. L. Mangasarian. Generalized support vector machines. In B. Schökopf, A. J. Smola, P. Bartlett and D. Schuurmans, editors, *Advances in Large-Margin Classifiers*, 135–146. MIT Press, 2000.

[56] S. Negahban, P. Ravikumar, M. J. Wainwright, and B. Yu. A unified framework for high-dimensional analysis of M-estimators with decomposable regularizers. *Stat. Sci.*, 27(4):538–557, 2012.

[57] S. Negahban and M. J. Wainwright. Restricted strong convexity and weighted matrix completion: Optimal bounds with noise. *J. Mach. Learn. Res.*, 13(1):1665–1697, 2012.

[58] Y. Nesterov. *Introductory lectures on convex optimization: A basic course.* Kluwer Academic Publishers, 2004.

[59] Y. Nesterov. Gradient methods for minimizing composite objective function. Technical Report 2007/76, Center for Operations

Research and Econometrics (CORE), Catholic University of Louvain, 2007.

[60] D. W. Oldenburg, T. Scheuer, and S. Levy. Recovery of the acoustic impedance from reflection seismograms. *Geophysics*, 48(10):1318–1337, 1983.

[61] B. A. Olshausen and D. J. Field. Emergence of simple-cell receptive field properties by learning a sparse code for natural images. *Nature*, 381(6583):607–609, 1996.

[62] J. Palmer, D. Wipf, K. Kreutz-Delgado, and B. Rao. Variational EM algorithms for non-gaussian latent variable models. In Y. Weiss, B. Schölkopf, and J. Platt, editors, *Adv. Neural. Inf. Process. Syst. 18*, 1059–1066, MIT Press, 2006.

[63] M. J. D. Powell. A method for nonlinear constraints in minimization problems. In R. Fletcher, editor, *Optimization*, 283–298, Academic Press, 1969.

[64] B. D. Rao and K. Kreutz-Delgado. An affine scaling methodology for best basis selection. *IEEE Trans. Signal Process.*, 47(1):187–200, 1999.

[65] G. Raskutti, M. J. Wainwright, and B. Yu. Restricted eigenvalue properties for correlated gaussian designs. *J. Mach. Learn. Res.*, 11:2241–2259, 2010.

[66] B. Recht, M. Fazel, and P. A. Parrilo. Guaranteed minimum-rank solutions of linear matrix equations via nuclear norm minimization. *SIAM Review*, 52(3):471–501, 2010.

[67] B. Recht. A simpler approach to matrix completion. *J. Mach. Learn. Res.*, 12:3413–3430, 2011.

[68] R. T. Rockafellar. *Convex Analysis*. Princeton University Press, 1970.

[69] R. T. Rockafellar. Monotone operators and the proximal point algorithm. *SIAM J. Control Optimiz.*, 14:877–898, 1976.

[70] L.I. Rudin, S. Osher, and E. Fatemi. Nonlinear total variation based noise removal algorithms. *Physica D*, 60(1-4):259–268, 1992.

[71] F. Santosa and W. W. Symes. Linear inversion of band-limited reflection seismograms. *SIAM J. Sci. Stat. Comput.*, 7(4):1307–1330, 1986.

[72] M. Schmidt, N. Le Roux, and F. Bach. Convergence rates of inexact proximal-gradient methods for convex optimization. Technical report, arXiv:1109.2415, 2011.

[73] B. Schölkopf and A. Smola. *Learning with Kernels: Support Vector Machines, Regularization, Optimization and Beyond.* MIT Press, 2002.

[74] U. J. Schwarz. Mathematical-statistical description of the iterative beam removing technique (method CLEAN). *Astron. Astrophys.*, 65:345–356, 1978.

[75] M. Signoretto, L. De Lathauwer, and J. A. K. Suykens. Nuclear norms for tensors and their use for convex multilinear estimation. Technical Report 10-186, ESAT-SISTA, K.U.Leuven, 2010.

[76] N. Srebro, J. D. M. Rennie, and T. S. Jaakkola. Maximum-margin matrix factorization. In L. K. Saul, Y. Weiss, and L. Bottou, editors, *Adv. Neural. Inf. Process. 17*, 1329–1336, MIT Press, 2005.

[77] J. M. Steele. *The Cauchy-Schwarz Master Class: an introduction to the art of mathematical inequalities.* Cambridge University Press, 2004.

[78] R. Tibshirani. Regression shrinkage and selection via the lasso. *J. Roy. Stat. Soc. B*, 58(1):267–288, 1996.

[79] M. E. Tipping. Sparse Bayesian learning and the relevance vector

machine. *J. Mach. Learn. Res.*, 1:211–244, 2001.

[80] R. Tomioka and M. Sugiyama. Dual-augmented Lagrangian method for efficient sparse reconstruction. *IEEE Signal Proc. Let.*, 16(12):1067–1070, 2009.

[81] R. Tomioka and T. Suzuki. Regularization strategies and empirical Bayesian learning for MKL. Technical report, arXiv:1011.3090, 2011.

[82] R. Tomioka, T. Suzuki, K. Hayashi, and H. Kashima. Statistical performance of convex tensor decomposition. In *Adv. Neural. Inf. Process. Syst. 24*, 972–980. 2011.

[83] R. Tomioka, T. Suzuki, and M. Sugiyama. Augmented Lagrangian methods for learning, selecting, and combining features. In S. Sra, S. Nowozin, and S. J. Wright, editors, *Optimization for Machine Learning*, MIT Press, 2011.

[84] P. Tseng. Applications of a splitting algorithm to decomposition in convex programming and variational inequalities. *SIAM J. Control Optimiz.*, 29(1):119–138, 1991.

[85] V. N. Vapnik. *Statistical Learning Theory.* Wiley-Interscience, 1998.

[86] J. Wright, A. Ganesh, S. Rao, Y. Peng, and Y. Ma. Robust principal component analysis: Exact recovery of corrupted low-rank matrices via convex optimization. In Y. Bengio, D. Schuurmans, J. D. Lafferty, C. K. I. Williams, and A. Culotta, editors, *Adv. Neural. Inf. Process. Syst. 22*, 2080–2088, 2009.

[87] S. J. Wright, R. D. Nowak, and M. A. T. Figueiredo. Sparse reconstruction by separable approximation. *IEEE Trans. Signal Process.*, 57(7):2479–2493, 2009.

[88] M. Yuan and Y. Lin. Model selection and estimation in regression with grouped variables. *J. Roy. Stat. Soc. B*, 68(1):49–67, 2006.

[89] J. Zhu, S. Rosset, T. Hastie, and R. Tibshirani. 1-norm support vector machines. *Adv. Neural. Inf. Process. 16*, 49–56, 2004.

[90] H. Zou and T. Hastie. Regularization and variable selection via the elastic net. *J. Roy. Stat. Soc. B. (Statistical Methodology)*, 67(2):301–320, 2005.

索 引

著者紹介

冨岡亮太(とみおかりょうた)　博士（情報理工学）

2008 年　東京大学大学院情報理工学系研究科数理情報学専攻
博士課程修了

現　在　Microsoft Research 研究員

NDC007　191p　21cm

機械学習(きかいがくしゅう)プロフェッショナルシリーズ

スパース性(せい)に基(もと)づく機械学習(きかいがくしゅう)

2015 年 12 月 18 日　第 1 刷発行
2025 年 3 月 21 日　第 5 刷発行

著　者　冨岡亮太(とみおかりょうた)

発行者　篠木和久

発行所　株式会社　講談社
〒 112-8001　東京都文京区音羽 2-12-21
販売　(03)5395-5817
業務　(03)5395-3615

KODANSHA

編　集　株式会社　講談社サイエンティフィク
代表　堀越俊一
〒 162-0825　東京都新宿区神楽坂 2-14　ノービィビル
編集　(03)3235-3701

本文データ制作　藤原印刷株式会社

印刷・製本　株式会社ＫＰＳプロダクツ

落丁本・乱丁本は，購入書店名を明記のうえ，講談社業務宛にお送りください．送料小社負担にてお取替えします．なお，この本の内容についてのお問い合わせは，講談社サイエンティフィク宛にお願いいたします．定価はカバーに表示してあります．

Printed in Japan

ISBN 978-4-06-152910-6